量子力学选讲

陈彦辉 编著

U0250505

南京大学出版社

图书在版编目(CIP)数据

量子力学选讲 / 陈彦辉编著. -- 南京 ：南京大学
出版社，2024.11. -- ISBN 978 - 7 - 305 - 28516 - 5

Ⅰ. O413.1

中国国家版本馆 CIP 数据核字第 2024QW0447 号

出版发行　南京大学出版社
社　　址　南京市汉口路 22 号　　　　邮　　编　210093
书　　名　**量子力学选讲**
　　　　　LIANGZI LIXUE XUANJIANG
编　　著　陈彦辉
责任编辑　王南雁　　　　　　　　编辑热线　025 - 83592146
照　　排　南京开卷文化传媒有限公司
印　　刷　苏州市古得堡数码印刷有限公司
开　　本　787 mm×960 mm　1/16　印张 7.25　字数 102 千
版　　次　2024 年 11 月第 1 版　2024 年 11 月第 1 次印刷
ISBN 978 - 7 - 305 - 28516 - 5
定　　价　68.00 元

网　　址:http://www.njupco.com
官方微博:http://weibo.com/njupco
微信服务号:njuyuexue
销售咨询热线:(025)83594756

序　言

　　本书以习近平总书记对量子力学的论述开头、以习近平总书记对创新的论述结尾，催人奋进，沁人肺腑！

　　参考文献以周世勋先生的著作开头、以曾谨言先生的著作结尾，深切缅怀科研前辈，向科技工作者致敬！

　　本书概述了量子力学中的五个基本假设、波粒二象性、束缚态、基态、电子屏蔽、电子简并、能级分裂以及量子力学中的守恒量等物理规律。本书以量子力学知识为主，穿插介绍了 20 个诺贝尔物理学奖相关信息，涵盖了丰富的理论物理知识。此外，本书还讲述了作者的考研、科研、教研、科普经历，字里行间传递了科学家探索与创新的精神。希望本书能够对物理学专业本科生考研、理论物理专业研究生成长有所帮助，还希望可以通过本书向普通大众科普理论物理和量子力学知识。

陈彦辉

楚雄师范学院教授

2023 年 6 月

本书介绍的诺贝尔物理学奖列表

目　　录

第 1 章

绪 论

2020 年 10 月 16 日，习近平总书记在十九届中共中央政治局第二十四次集体学习时强调，量子力学是人类探究微观世界的重大成果。"量子力学"属于理论物理课程，为物理学本科阶段需要学习的四大力学之一。很多学子听到理论物理和量子力学便望而却步。本书基于培养理论物理专业硕士研究生的经验，以及讲授"量子力学""量子力学选讲""热力学与统计物理学""数学物理方法"等理论物理本科课程的经验和辅导物理学专业本科生考研经验编写而成。本书作者将深入浅出地讲解量子力学，希望对物理学专业本科生考研、理论物理专业研究生成长有所帮助，也希望能助力普通大众，对理论物理和量子力学知识进行科普。本章首先提出本科生考研时要根据学习兴趣选择研究方向，然后介绍量子力学中最为基础的五个基本假设以及光和微观粒子的波粒二象性。

1.1　根据学习兴趣选择研究方向

　　经常有物理学专业的本科生来找我咨询考研的方向选择问题。我也经常给学生回顾自己考研选择方向时的经历。我在 2010 年获得河北师范大学物理学专业理学学士学位。上大学期间，在学习了电磁学麦克斯韦方程组以后，我非常崇拜麦克斯韦，计划考研从事电磁学方面的理论研究工作。后来我慢慢发现，这个方向属于普通物理范畴，已经发展得非常完善了。在学习近代物理实验中的密立根油滴实验时，我对通过巧妙设计实验精确地测定基本电荷量的过程产生了浓厚的兴趣，计划报考实验物理方向的研究生。后来我发现普通物理实验基本趋于完善，近代物理实验按学科分支较多，几乎没有专门从事各种实验研究的硕士研究生方向。后来我又学习了天文学选修课，对天体物理产生了浓厚的兴趣，回想起自己儿时在农村仰望星空的情景，最终决定报考天体物理专业的硕士研究生。2015 年 1 月，我获得了中国科学院云南天文台天体物理专业理学博士学位，于 2015 年 4 月入职楚雄师范学院物理与电子科学学院并工作至今，从事天体物理科学研究、理论物理本科教学及硕士培养、天文学科学普及工作。参照自己的考研经历，我建议学生在选择考研方向时首先考虑自己内心深处对知识的感兴趣程度和渴望程度，其次才考虑报考院校、报考专业等其他因素。

　　在了解了老师的考研报考经历以后，学生可能还是很难判断自己对哪些知识感兴趣。我会让学生认真思考一下，比如，如果学生对统计物理中利用统计系统理论推导计算热力学第零定律、第一定律、第二定律、道尔顿分压定律等知识很感兴趣,那么可尝试报考理论计算方向的硕士研究生;如果学生对热学中通过实验现象总结出上述定律的过程很感兴趣,则可尝试报考实验物理方向的硕士研究生。

如果学生还是很难判断自己的兴趣,我通常会让学生进行一个小测试。利用我们非常熟悉的中国地图,我会让学生思考如何获得从我的老家河北秦皇岛到我的工作单位楚雄师范学院的距离,并请学生用多种方法回答。如果学生给出的是通过地图比例尺计算、通过两地经纬度球面计算等计算较多的方法,我将建议学生报考偏理论方向的硕士研究生。如果学生给出的是亲身体验飞机、火车、汽车等交通工具,通过交通工具的时速乘以时长等偏操作测量的方法,我将建议学生报考偏实验方向的硕士研究生。

我从事的"白矮星物理研究""基于郭守敬望远镜释放数据的初步统计研究"等工作偏理论、偏数值计算,属于基础研究工作的范畴。十多年来,我一直从事理论研究工作,虽然能力有限,取得的成果很小,但是内心深处却有一种运筹于帷幄之中,决胜于千里之外的成就感。理论物理通常依赖较少的假设,依托物理规律和数学知识建立合理的理论模型,解释丰富的自然现象。

周世勋先生在其《量子力学教程》[1]结束语中,将量子力学原理的基本假设归纳为五个,即波函数假设、算符假设、测量假设、演化假设和全同性原理假设。在这五个基本假设的基础之上,量子力学理论逐步建立起来。梁希侠先生和班士良先生在《统计热力学》[2]中讲到:玻尔兹曼于1868年提出的著名的等概率原理假设是统计物理基本且唯一的假设。吉布斯先生曾评价统计力学原理为"既优美又简洁,同时还产生出一些新的结论并用一种在许多方面完全不同于热力学的新观点来评价原有的结论"的理论。李政道先生曾评价道:"统计力学是理论物理最完美的科目之一,因为它的基本假设是简单的,但它的应用却十分广泛"。

　　本书将列出大量的诺贝尔物理学奖获奖者的事迹,想了解更详细信息的读者可在诺贝尔奖官网"https://www.nobelprize.org/"中搜索,如搜索"The Nobel Prize in Physics 1957"了解杨振宁先生和李政道先生获奖的详细事迹。

　　李政道先生(图 1 - 1)早年在选择研究方向时也有一段十分有趣的故事。1986 年林家翘先生 70 岁寿辰时李政道先生回顾了他在选择研究方向时的趣事。李政道先生在读博士期间师从伟大的粒子物理学家费米,李政道先生很想继续研究粒子物理理论,费米告诉他粒子物理没有前途,要他研究天体物理。于是李政道先生就去跟天体物理学家钱德拉塞卡研究天体物理学,取得了一些成果后,钱德拉塞卡告诉李政道先生天体物理没有前途,要他研

图 1 - 1　李政道先生

究流体力学。流体物理研究了一段时间后,林家翘先生又对李政道先生说流体力学没有前途,李政道先生又回到了基本粒子物理研究中来。

　　实际上,科学研究工作不只局限在单一的方向。研究方向是会随着研究兴趣的改变而有所调整的。我们经常会听到这样一句话:经过一段时间的学习以后会发现自己懂的知识越多越觉得自己不懂的知识更多。学无止境,从事科学研究工作的人往往会活到老,学到老。正所谓,书山有路勤为径,学海无涯苦作舟。广大科技工作者当为科教兴国、人才强国贡献力量! 为人才本土培养、本土成长贡献力量!

1.2 量子力学的五个基本假设

量子力学是研究微观粒子运动规律的科学。前面提到了量子力学的五个基本假设,即波函数假设、算符假设、测量假设、演化假设和全同性原理假设[1]。

一、波函数假设

波函数假设可描述为:微观体系的状态被一个波函数完全描述,从这个波函数可以得出体系的所有性质。波函数一般应满足连续性、有限性和单值性三个条件[1]。

在经典力学中,质点的状态往往用其坐标和动量描述。在量子力学中,粒子的坐标和动量遵循海森堡不确定性原理(测不准原理),粒子的坐标和动量不能同时取确定值。量子力学中,力学量往往可以取很多可能值,取各可能值的概率是一定的,由波函数决定。玻恩首先提出了波函数的统计解释:波函数在空间某一点的强度(振幅绝对值的平方)和在该点找到粒子的概率成比例。描述粒子的波是概率波[1]。在量子力学中,不是所有的函数都可以作为波函数,波函数需要满足连续性、有限性和单值性三个标准条件。波函数具有正交、归一(初始时没有归一的波函数可以进行归一化处理)和完全的基本特征。完全即微观体系的状态被一个波函数完全描述,从这个波函数可以得出体系的所有性质。设波函数 $\psi(x,$

t）是力学量 F 的本征函数,体系刚好处在波函数 $\psi(x,t)$ 所描写的态,可依据本征值方程求解力学量 F 的取值。本征值方程如公式（1-1）所示

$$\hat{F}\psi(x,t)=F\psi(x,t) \qquad (1-1)$$

假如需要求解力学量 Q 的取值〔本征函数为 $u_n(x)$〕,这就要用到本征函数 $u_n(x)$ 的完全性了。即将体系所处的态函数 $\psi(x,t)$ 用要求的物理量的本征函数 $u_n(x)$ 级数展开,展开系数即为要求物理量 Q 的分布,可通过傅里叶变换求出。这在周世勋先生《量子力学教程》第二版[3],2.9 节例 1（求一维无限深方势阱基态粒子的动量分布）和 3.6 节例题（求氢原子基态电子的动量分布）中均有体现。有了波函数的完全性,体系处在非本征态时也可求物理量的取值分布。这是量子力学理论完美、自洽的一个体现。

二、算符假设

算符假设可描述为:力学量用厄米算符表示,如果在经典力学中有相应的力学量,则在量子力学中表示这个力学量的算符,由将经典力学中动量 $\vec{p}$ 换为算符 $-i\hbar\nabla$ 得出。表示力学量的算符有组成完全系的本征函数[1]。

经典力学中对宏观物理量的测量可以很直观,比如用温度计测量温度、用天平测量质量、用秒表测量时间、用压强计测量压强、用测力计测量力等。而量子力学中需要本征值方程、本征态,需要算符的引入。具有实数本征值特性的厄米算符自然成为理论物理学家的首选。

经典力学中质点的状态用坐标和动量描述,而在坐标表象（态和力学量的具体表示方式被称为表象）中坐标算符就是坐标本身,动量算符是 $-i\hbar\nabla$,所以在量子力学中,我们只需将动量 $\vec{p}$ 换为算符 $-i\hbar\nabla$ 即可。对于经典力学中没有、量子力学中特有的物理量,比如电子的自旋,我们只需额外定义其算符即可,毕竟这类物理量数量不多。算符的引入也是非

常自洽、合适的。当然,在波函数假设中我们已经论述了本征函数完全性的重要作用,在算符假设中,我们自然要假设表示力学量的算符有组成完全系的本征函数。

三、测量假设

测量假设可以描述为:将体系的状态波函数 ψ 用算符 $\hat{F}$ 的本征函数 Φ 展开 $(\hat{F}\Phi_n = \lambda_n\Phi_n, \hat{F}\Phi_\lambda = \lambda\Phi_\lambda)$:$\psi = \sum_n c_n\Phi_n + \int c_\lambda\Phi_\lambda \mathrm{d}\lambda$,则在 ψ 态中测量力学量 F 得到结果为 λ_n 的概率是 $|c_n|^2$,得到结果在 $\lambda \to \lambda + \mathrm{d}\lambda$ 范围内的概率是 $|c_\lambda|^2\mathrm{d}\lambda$ [1]。

测量假设还是围绕厄米算符本征函数的完全性展开的。由本征函数作为基矢张成的无限维函数空间被称为希尔伯特空间。展开系数的模平方表示概率。在量子力学和热力学与统计物理学中,经常会计算物理量的统计平均值,也就是期望值。学生可能认为微观量的统计平均值往往不是很直观。取值乘以对应的概率再求和就是平均值,也叫期望值。举一个通俗的例子,某人某天早上吃早饭既想吃一碗面条又想吃一碗米线,还想减肥不想各吃一碗。想吃一碗面条的心愿和想吃一碗米线的心愿一样强烈,即概率各占 $\frac{1}{2}$。平均而言,这个人想吃半碗面条和半碗米线(一碗面条乘以 $\frac{1}{2}$ 加上一碗米线乘以 $\frac{1}{2}$)。

四、演化假设

演化假设即:体系的状态波函数满足薛定谔方程:$i\hbar \frac{\partial}{\partial t}\psi = \hat{H}\psi$,其

中，$\hat{H}$ 是体系的哈密顿算符[1]。

薛定谔因发现了原子理论的有效新形势——波动力学而获得了1933 年的诺贝尔物理学奖。量子力学中计算的一维无限深方势阱、线性谐振子、势垒贯穿均属于定态，采用定态薛定谔方程即可，不涉及演化。一维无限深方势阱和线性谐振子在无穷远处势能为无穷大，波函数只能为零，我们把这样的波函数描写的状态称为束缚态。束缚态粒子不能出现在无穷远处，体系的能级往往是分立的。势垒贯穿中体系的势能在无穷远处为有限，粒子可以运动到无穷远处，为非束缚态。而动量算符、轨道角动量平方算符、轨道角动量 z 分量算符作用的方程为本征值方程，即算符作用到本征函数上等于本征值乘以本征函数，非薛定谔方程。对于氢原子，电子被束缚在原子核周围时也处于束缚态，满足定态薛定谔方程，能级分立。如果电子被电离，不再被束缚在原子核周围，则处在电离态（非束缚态）。在宇宙中，超新星爆发时会产生极高的温度，导致超新星附近的氢原子被电离。超新星爆发后，温度逐步降低，被电离的氢离子还会复合成氢原子。上述例子均未涉及演化，只有在含时微扰中才涉及演化。在讲授与时间有关的微扰理论时，哈密顿算符中增加了含时扰动项，有很多同学对含时微扰理解得不透彻。课本中讲授的含时微扰问题实际上就是能级跃迁的问题，并给出了跃迁概率。中学物理老师在授课时会提到动量守恒是比能量守恒更广泛的守恒定律，但是较难讲出能量守恒具体局限在哪里。在计算含时微扰跃迁概率时引入了能量时间测不准关系，即能量守恒定律在微观量子领域不是严格成立的。能量已经没办法被精确测量，也就没必要再谈它是否严格守恒。可见，理论物理知识对中学物理教师同样非常重要。

在理论物理授课过程中会涉及一些极端物理规律或者叫特殊物理知识，这些知识对理解物理学体系的完备性非常重要。比如在热力学与统计物理学中，我们学习了热力学第三定律，即绝对零度不可能达到。而在研究二能态和负温度(比如原子量为 133 的铯原子考虑核自旋的两个超精细能级)时,却出现了负温度。学生一定会有这样的疑问:绝对零度不可能达到,这里竟然涉及了负温度。实际上,负温度是在将势能零点选在两个能级的中心处后计算微观状态数再计算熵时获得的。Purcell 和 Pound[4]通过将 LiF 置于强磁场中并使磁场快速反向首次实现了核自旋系统的负温度状态,该状态持续了数分钟。现在的系统已经可以实现持续数小时的负温度状态。强烈建议同学们以此文献为依托搜寻下载更多的相关文献,及时了解科技前沿,拓宽自己的学术视野,丰富自己的学术认知,锻炼自己的自学能力。极端物理规律可激发学生的学习兴趣,任课教师可多鼓励学生下载文献,阅读文献,使他们快速成长。

五、全同性原理假设

全同性原理假设可描述为:在全同粒子所组成的体系中,两全同粒子相互调换不改变体系的状态[1]。

在理论物理授课过程中有很多原理需要学生掌握。如量子力学中的泡利不相容原理:不能有两个或两个以上的费米子处于同一状态[1]。如量子力学中的态叠加原理:如果 ψ_1 和 ψ_2 是体系的可能状态,那么,他们的线性叠加 $\psi = c_1\psi_1 + c_2\psi_2$($c_1, c_2$ 是复数)也是这个体系的一个可能状态[1]。如热力学与统计物理学中的等概率原理:当孤立系统处于平衡态时,系统的各个可能的微观状态出现的概率相等[5]。如电动力学中的相对性原理:所有惯性参考系都是等价的[6]。如电动力学中的光速不变原理:真空中的光速相对任何惯性系沿任一方向恒为 c,并与光源运动无关[6]。如理论力学中的虚功原理:受理想约束的力学体系平衡的充要条件是此力学体系的诸主动力在任意虚位移中所做的元功之和等于零[7]。如理论力学中的哈密顿原理:保守的、完整的力学体系在相同时间内,由某一初位形转移到另一已知位形的一切可能运动中,真实运动的主函数具有稳定值,即对于真实运动来讲,主函数的变分等于零[7]。基本原理往往是一门学科中最基础的知识,学生背诵、理解、掌握基本原理是学好一门课程的前提。对基本原理的深入理解有助于学生理解一门学科的建立过程、发展历程,有助于培养学生独立思考的能力。普通物理知识比中学物理知识丰富了一些,理论物理知识又比普通物理知识丰富了一些。理论物理包含更多的学术前沿知识,需要学生阅读更多的参考文献,开展更多的独立思考,正所谓学而不思则罔,思而不学则殆。

另外,非相对论量子力学中电子自旋也是一个假设。而在相对论量子力学中,狄拉克方程中已包含电子自旋,无需假定。狄拉克因创立了相对论性的波动力学方程——狄拉克方程而获得了 1933 年的诺贝尔物理学奖。

在上述五个基本假定的基础上,量子力学逐步建立起来。注意是建立,不是推导。量子力学的建立过程堪称近代科学史最精彩、最神奇的一章,其建立过程将理论物理的魅力展现得淋漓尽致。基本假设以及量子力学理论的正确性由该理论可成功解释实验现象来证明,最前沿的理论往往如此。

1.3　波粒二象性

物理学家每天思考着这个世界。有些物理学家把精细结构常数挂在办公室的墙上，每天思考为什么是 $\frac{1}{137}$ $\left(\alpha = \frac{e^2}{4\pi\varepsilon_0 \hbar c} \approx \frac{1}{137}\right)$，而不是其他值。19 世纪末，物理学理论在当时看来已基本完善。然而，黑体辐射、光电效应、原子的光谱线系以及固体在低温下的比热问题还没有得到合理的解释，它们被称为物理学界的"四朵乌云"。普朗克在 1900 年首先引入了能量子 $h\nu$，黑体以 $h\nu$ 为能量单位不连续地发射和吸收频率为 ν 的辐射（普朗克因此获得 1918 年的诺贝尔物理学奖）。普朗克根据维恩线和瑞利-金斯线"凑"出了普朗克线，成功解释了黑体辐射现象。虽然这一理论成功地解释了黑体辐射现象，但是有时候普朗克对自己的"凑"都有些犹豫。颠覆已有认知，提出新的可能的观点是很有风险的，如果新的观点最终被证明是错误的，凑巧只解释了一个实验现象，那么这个新观点的提出很可能为这位学者的学术生涯带来极大的负面影响。提出颠覆已有认知的新观点需要极大的勇气。曾经有团队宣称使用欧洲大型强子对撞机"撞"出了超光速粒子，后来其他团队独立验证时发现并没有"撞"出超光速粒子，是实验过程有误。好的想法对科学研究工作至关重要，学术界鼓励探索和创新，对有可能是错误的新发现持很高的包容态度。因为正是这种极少数的新发现才有机会带来新的革命性的发展。第一个完全肯定光具有粒子性的人是爱因斯坦。1905 年，爱因斯坦提出电磁辐射在发射和吸收时以能量为 $h\nu$ 的微粒形式出现并以光速传播,并将该粒子称为光量子。爱因斯坦成功地解释了光电效应,并获得了 1921 年的诺贝尔物理学奖。光的电磁理论及干涉、衍射现象均肯定了光的波动性。普朗克和爱因斯坦的光量子理论提出了光的粒子性。1924 年,康普顿和我国物理学家吴有训用高频 X 射线撞击轻元素中的电子,发现在光子和电子的相互作用中,能量守恒和动量守恒是被严格遵守的,即证实了光的粒子性。康普顿因康普顿效应获得了 1927 年的诺贝尔物理学奖。

1924 年,学习历史出身的德布罗意提出,既然具有波动性的光可以具有粒子性,那么具有粒子性的微观粒子也应该可以具有波动性。公式

$$E = h\nu = \hbar\omega \text{ 和 } \vec{p} = \frac{h}{\lambda}\vec{n} = \hbar\vec{k}$$ 被称为德布罗意关系。普朗克和爱因斯坦已

经提出了能量子,但是此二式被称为德布罗意关系,因为德布罗意提出的不只是指光子具有波粒二象性,而是指所有微观粒子均应具有波粒二象性,波动性和粒子性的关系由德布罗意关系给出。由第二式还可以计算微观粒子对应的波长。注意,该第二式由第一式及光子在相对论时的能量动量关系导出,但德布罗意关系也可反映出非相对论微观粒子的物质波波长。我们不得不承认这也是一项大胆的创举。物理强烈依赖于数学,但有时候不局限于数学的严谨,大胆突破一点点有可能带来突飞猛进的发展。德布罗意因创立物质波理论而获得了 1929 年的诺贝尔物理学奖。1927 年,戴维孙和革末所做的电子衍射实验证实了电子的波动性。若用 150 V 的电势差加速电子,则电子的物质波波长为 1 Å,而只有当缝孔的宽度和波长相比拟时才能发生明显的衍射现象。如此小的缝孔对实验物理学家提出了很高的要求。戴维孙和革末使用的是镍单晶,利用了晶体的光栅常数做衍射缝孔,巧妙地完成了电子衍射实验。汤姆逊使用非常薄的金、铂和铝片,也独立地完成了电子衍射实验。戴维孙和汤姆逊因证实了电子的波动性分享了 1937 年的诺贝尔物理学奖。周世勋先生

的《量子力学教程》第二版封面即展示了微观粒子的波粒二象性[3]。

微观粒子的波粒二象性有很多体现,如波函数的统计解释(由物理学家玻恩首先提出,他获得了1954年诺贝尔物理学奖)、态叠加原理、测不准关系〔提出者海森伯因创立量子力学(矩阵力学)而获得了1932年的诺贝尔物理学奖〕、隧道效应等。如今,科学家们在电子、原子、分子、原子核、核子、原子团簇等结构中均发现了波动性,充分肯定了德布罗意的工作。1999年,Arndt等人完成了碳-60(也叫富勒烯、足球烯)大分子的波粒二象性实验[8]。

我们曾经以为物质是由分子组成的,后来又发现分子由原子组成,再后来又发现原子由原子核和核外电子组成。原子核包含质子和中子(第1号元素氢除外)。质子、中子、电子均为费米子。质子和中子又可分为夸克。量子力学告诉我们,微观实物粒子具有波粒二象性。我们的认知在一步一步前进。宏观上,以测量天体距离数量级分析为例,三角视差测距法可测量几十光年处的天体的距离,分光视差测距法可测量几百光年处的天体的距离,造父变星周光关系测距则可测量百万光年处的天体的距离,谱线红移测距则可测量数十亿光年处的天体的距离[9]。粒子物理越来越微观,天体物理越来越宏观,微观和宏观统一于无数科技工作者对自然界的不断探索和认识过程中。笔者相信,未来百年科技工作者对暗物质和暗能量的揭秘过程将和量子力学的建立过程一样光彩照人、绚丽夺目! 中国巡天空间望远镜(Chinese Survey Space Telescope,CSST)计划于2025年发射升空,用10年左右的时间将整个天区巡视一遍。用很短时间巡视整个天区得益于其约1.1平方度的大视场。CSST拥有2.0米的大口径,没有了地球大气的干扰,空间望远镜的分辨精度会远优于地面望远镜。CSST的终端计划包括多色成像和无缝光谱巡天模块、多通道成像仪、积分视场光谱仪、系外行星成像星冕仪、高灵敏度太赫兹模块等。读者一定会思考:如此多的终端模块如何在太空中切换? 这一技术正是中国人的骄傲,中国的科学家们计划将 CSST 与中国空间站伴飞,也就是说中国空间站将对 CSST 提供支持。CSST 是中国空间站工程最重要的空间科学设施,是中国迄今为止规模最大、指标最先进的新一代旗舰级空间天文望远镜,也将是未来十年国际最重要的空间天文观测仪器之一。上个世纪初,量子力学的伟大成果如雨后春笋一般,从本书绪论中即可见一斑。未来数十年内基于 CSST 的伟大成果也将灿若繁星、不胜枚举。向中国的科技工作者致敬!

图 1 - 2 中国巡天空间望远镜想象图

图源:中国科学院长春光学精密机械与物理研究所

第 2 章

束缚态

上一章综述了量子力学的五个基本假设和量子力学中重要的波粒二象性。本章计划先介绍一维无限深方势阱,帮助读者深入理解束缚态的概念;然后讲述高维势阱和其他函数势阱;之后讲述线性谐振子、氢原子和本征值方程;最后介绍一维无限深方势阱、线性谐振子以及氢原子的概率最大的位置。该章节以束缚态为主线,附带介绍一些非束缚态情况,重点介绍了波动力学中的薛定谔方程和本征值方程。

2.1　一维无限深方势阱

在波粒二象性小节讲述波粒二象性的体现知识点时提到了海森堡和玻恩,早在 1925 年,海森堡、玻恩和约当提出了量子力学的矩阵表述[10]。薛定谔提出了波动力学并证明了波动力学和矩阵力学是等价的。波动力学和矩阵力学可以抽象为狄拉克符号表示。波动力学易于掌握,处理问题时有较多应用。

大多数量子力学课本在介绍了薛定谔方程、定态薛定谔方程以后,往往先讲述一维无限深方势阱的例子,如图 2-1 所示。粒子的运动只有一个维度,我们将其定义成 x 轴,在 $x<-a$ 和 $x>a$ 的区域,粒子的势能为无穷大;在 $-a<x<a$ 的区域,粒子的势能为零,我们将这样的物理模型称为一维无限深方势阱。在无限远处,粒子的势能为无穷大,波函数只能为零(为了让薛定谔方程势能乘以波函数项有限进而有意义),粒子被束缚在阱内,这是典型的束缚态。初学者一定会问为什么抽象出这样一个奇怪的物理模型。实际上金属导线内的自由电子就可以近似成一维无限深方势阱模型。电子在导线内自由运动,势能为零,电子没办法运动到导线的两端之外,两个端点就近似为一维无限深方势阱的两个边界条件了。抽象成合理的物理模型是求解现实问题的过程中的重要一步。认真思考在大学和研究生阶段非常重要,想得深入了,思考得多了,慢慢地就变成了创新。我说的认真思考和中学局限在做题方面的思考是不一样的。大学,特别是大三、大四以及研究生阶段,面临的很有可能是还没有

被解决的问题(中学面临的绝大多数问题是有答案的、已经解决了的问题),通过认真思考并小心求证以后很可能获得独一无二的原创的解决方案。希望同学们可以做到边学边思,良性循环。

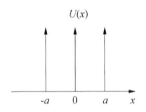

图 2-1　一维无限深方势阱

通过求解薛定谔方程可获得上述一维无限深方势阱阱内的能量本征值和本征函数,分别为

$$E_n = \frac{\pi^2 h^2 n^2}{8ma^2}, n \text{ 为正整数} \tag{2-1}$$

$$\psi_n(x,t) = \sqrt{\frac{1}{a}} \sin\frac{n\pi}{2a}(x+a)e^{-\frac{i}{\hbar}E_n t} \tag{2-2}$$

阱外波函数为零,阱边界处由波函数的标准条件也可得出是零。值得注意的是,量子数 n 为偶数时,波函数是奇函数,为奇宇称。量子数 n 为奇数时,波函数是偶函数,为偶宇称。波函数的奇偶性有助于画出波函数图像、计算波函数模平方并计算概率最大的位置。一个能量本征值对应着一个波函数,我们可以得出:一维无限深方势阱波函数描写的态为非简并态。上述结果是对 $-a$ 到 a 的一维无限深方势阱而言的。有时会遇到 $-\frac{a}{2}$ 到 $\frac{a}{2}$ 的一维无限深方势阱问题,由于计算过程高度相似,只需将公式(2-1)和(2-2)中的 a 换成 $\frac{a}{2}$ 即可。即 $-\frac{a}{2}$ 到 $\frac{a}{2}$ 的一维无限深方

势阱阱内的能量本征值和本征函数分别为

$$E_n = \frac{\pi^2 \hbar^2 n^2}{2ma^2}, n\ 为正整数 \qquad (2-3)$$

$$\psi_n(x,t) = \sqrt{\frac{2}{a}} \sin \frac{n\pi}{a}(x+\frac{a}{2}) \mathrm{e}^{-\frac{\mathrm{i}}{\hbar}E_n t} \qquad (2-4)$$

有时会遇到 0 到 a 的一维无限深方势阱。该一维无限深方势阱和 $-\frac{a}{2}$

到 $\frac{a}{2}$ 的一维无限深方势阱的阱宽是一致的,只是横坐标始末值不同,不

应该影响能量取值大小。所以,0 到 a 的一维无限深方势阱能量本征值

也为公式(2-3)所示。波函数为正弦函数,从一维无限深方势阱 $-\frac{a}{2}$ 到

$\frac{a}{2}$ 变化到 0 到 a 只是向右平移了 $\frac{a}{2}$,正弦函数的平移问题遵循"左加右

减"的运算法则。为得到阱宽为 0 到 a 的一维无限深方势阱阱内的波函

数,只需把公式(2-4)中的 x 换成 $x-\frac{a}{2}$,即

$$\psi_n(x,t) = \sqrt{\frac{2}{a}} \sin\left(\frac{n\pi}{a}x\right) \mathrm{e}^{-\frac{\mathrm{i}}{\hbar}E_n t} \qquad (2-5)$$

另外,通过阱内自由粒子波函数以及边界条件也可获得能量本征值和本
征函数。以 0 到 a 的一维无限深方势阱为例,假设阱内波函数为向左和
向右传播的两列自由粒子波函数叠加而成,即 $\psi(x) = A\mathrm{e}^{\mathrm{i}kx} + B\mathrm{e}^{-\mathrm{i}kx}$。由
边界条件 $\psi(0)=0$ 可得 $A=-B$,根据欧拉公式可得 $\psi(x)=C\sin(kx)$。
由另一边界条件 $\psi(a)=0$ 可得 $\sin(ka)=0$,则 $ka=n\pi$(n 为正整数)。由
$p=\hbar k, E=\frac{p^2}{2m}$ 以及波函数的归一化条件最终可获得能量本征值为公

式(2-3),本征函数为公式(2-5)。

从上述一维无限深方势阱中可以看出,能量是量子化的。一般而言,束缚态的特点就是所属能级是量子化的,是分立的。和经典力学能量取值连续大不一样。经典力学中,比如某汽车在平直的公路上从 0 开始加速到 100 千米每小时,该汽车的速度连续变化,动能也连续变化。而量子力学一维无限深方势阱中,粒子的能量取值是分立的(n 为正整数导致能量本征值分立,并非连续)。大家需要接受量子描述和经典描述本身就是不一样的。甚至还有自旋等物理量只有量子力学中才有,经典力学中并没有。面对创新,我们要做的是大胆假设、小心求证,积极接受以大量实验事实为依据的可靠的新观点。

另外,有时会遇到一维无限深方势阱的微扰问题。需要掌握非简并定态微扰理论能级修正公式(到二级)和波函数修正公式(到一级)以及三角函数二倍角公式、积化和差与和差化积公式、基本积分公式等。

2.2　高维势阱和其他函数势阱

一维无限深方势阱的问题可拓展到高维。以二维为例,设势能函数如公式(2-6)所示

$$U(x,y)=\begin{cases}0,0<x<a \text{ 且 } 0<y<a\\\infty,x<0 \text{ 或 } x>a,y<0 \text{ 或 } y>a\end{cases} \quad (2-6)$$

由于 x 轴和 y 轴是相互独立的,二维无限深方势阱阱内能量为两个一维无限深方势阱能量相加的形式,二维无限深方势阱阱内波函数为两个一维无限深方势阱波函数相乘的形式,即

$$E_{n_1,n_2}=\frac{\pi^2\hbar^2(n_1^2+n_2^2)}{2ma^2},n_1,n_2 \text{ 为正整数} \quad (2-7)$$

$$\psi_{n_1,n_2}(x,y,t)=\frac{2}{a}\sin\left(\frac{n_1\pi}{a}x\right)\sin\left(\frac{n_2\pi}{a}y\right)\mathrm{e}^{-\frac{\mathrm{i}}{\hbar}E_{n_1,n_2}t} \quad (2-8)$$

在更高维度,也以此类推。从波函数、势能形式和能量本征值形式均可以看出高维无限深方势阱为束缚态。

除了无限深方形势阱,深入思考以后还可以计算二维无限深圆方势阱[11]和三维球形空腔势阱(均为束缚态)内能量和波函数形式。三维球形空腔势阱(二维无限深圆方势阱只需将径向坐标理解为二维即可)的势能表达式如公式(2-9)所示

$$U(r) = \begin{cases} 0, r < a \\ \infty, r \geqslant a \end{cases} \tag{2-9}$$

此问题的求解过程涉及了数学物理方法中 l 阶球贝塞尔函数和 l 阶球诺伊曼函数[12],具体计算过程可参考倪志祥先生编写的《量子力学教程(第二版)学习指导》[13]第 3 章第 10 题的求解过程。陈晓芳、邸冰和刘建军也在文章中讨论了无限深球形量子点中类氢杂质态的性质[14]。

深入思考以后还可以计算二维无限深椭圆势阱和三维椭球空腔势阱(均为束缚态)内能量和波函数形式。二维无限深椭圆势阱势能表达式如公式(2-10)所示

$$U(x,y) = \begin{cases} 0, \dfrac{x^2}{a^2} + \dfrac{y^2}{b^2} < 1, a > b > 0 \\[2mm] \infty, \dfrac{x^2}{a^2} + \dfrac{y^2}{b^2} \geqslant 1 \end{cases} \tag{2-10}$$

三维椭球空腔势阱的势能表达式如公式(2-11)所示

$$U(x,y,z) = \begin{cases} 0, \dfrac{x^2}{a^2} + \dfrac{y^2}{b^2} + \dfrac{z^2}{c^2} < 1, a > 0, b > 0, c > 0 \\[2mm] \infty, \dfrac{x^2}{a^2} + \dfrac{y^2}{b^2} + \dfrac{z^2}{c^2} \geqslant 1 \end{cases}$$

$$\tag{2-11}$$

具体求解过程需要读者查阅文献,进行数值求解,这里仅提供思路,详细过程不再赘述。丁肇贤和张德兴计算了具有含时运动边界条件的椭球势阱中的粒子行为[15]。

再拓展一下还可以计算其他函数的势阱的情况,比如二维抛物量子势阱(束缚态)。其势能函数为将线性谐振子势能拓展到二维,如公式(2-12)所示

$$U(x,y) = \frac{1}{2}m\omega^2(x^2+y^2) \qquad (2-12)$$

Zhang Hong、Shen Man 和 Liu Jian-jun 于 2008 年的文章中讨论了抛物量子阱线中的双激子束缚能[16]。An Xing-tao 和 Liu Jian-jun 在 2006 年的文章中讨论了磁场中抛物量子阱线中的氢杂质[17]。

同样可以计算一维 $\delta(x)$ 函数[12]类型的势阱和势垒(非束缚态),该类型问题常常被选为考研试题,本书简要描述一下求解过程。设一维 $\delta(x)$ 函数类型的势能为

$$U(x) = \lambda\delta(x) \qquad (2-13)$$

其中,λ 为狄拉克 $\delta(x)$ 函数的强度。若 $\lambda > 0$,则为 $\delta(x)$ 函数势垒;若 $\lambda < 0$,则为 $\delta(x)$ 函数势阱。先列出定态薛定谔方程

$$-\frac{\hbar^2}{2m}\frac{\mathrm{d}^2\psi(x)}{\mathrm{d}x^2} + U(x)\psi(x) = E\psi(x) \qquad (2-14)$$

令 $k = \sqrt{\dfrac{2mE}{\hbar^2}}$,在 $x < 0$ 区域,波函数为

$$\psi_L(x) = \mathrm{e}^{ikx} + A_L\mathrm{e}^{-ikx} \qquad (2-15)$$

其中,A_L 为反射幅。在 $x > 0$ 区域,波函数为

$$\psi_R(x) = B_R\mathrm{e}^{ikx} \qquad (2-16)$$

其中,B_R 为透射幅。利用 $x = 0$ 时的边界条件(2-17)式(第二式可通过对薛定谔方程从 0^- 到 0^+ 的积分获得)

$$\begin{cases} \psi_L = \psi_R \\ \dfrac{\mathrm{d}\psi_L}{\mathrm{d}x} = \dfrac{\mathrm{d}\psi_R}{\mathrm{d}x} - \dfrac{2m\lambda}{\hbar^2}\psi_R \end{cases} \qquad (2-17)$$

整理并计算可获得反射系数 R 为 $\left(A_L = \cfrac{1}{\cfrac{i\hbar^2 k}{m\lambda} - 1} \right)$

$$R = |A_L|^2 = \cfrac{1}{1 + \cfrac{2\hbar^2 E}{m\lambda^2}} \qquad (2-18)$$

透射系数 T 为 $\left(B_R = \cfrac{1}{\cfrac{im\lambda}{\hbar^2 k} + 1} \right)$

$$T = |B_R|^2 = \cfrac{1}{1 + \cfrac{m\lambda^2}{2\hbar^2 E}} \qquad (2-19)$$

很容易看出,反射系数与透射系数之和为 1。公式(2-18)和(2-19)中涉及的都是狄拉克函数 $\delta(x)$ 强度的平方项,所以在同样的能量、质量、λ 情况下,狄拉克函数 $\delta(x)$ 势垒和势阱具有同样的反射系数和透射系数。

2.3　线性谐振子、氢原子、本征值方程

线性谐振子（束缚态）的势能为 $U(x) = \frac{1}{2}m\omega^2 x^2$，能量本征值为

$E_n = \hbar\omega\left(n + \frac{1}{2}\right)$，$n = 0,1,2,\cdots$，本征函数为 $\psi_n(x) = N_n e^{-\frac{a^2}{2}x^2} H_n(\alpha x)$。

当 n 为奇数时，本征函数为奇函数；当 n 为偶数时，本征函数为偶函数，这种宇称被称为 n 宇称。线性谐振子的宇称和一维无限深方势阱的宇称不同或者说相反。实际上任何一个在稳定平衡点附近的体系都可以用线性谐振子模型近似描述。另外，如果在 x 正半轴端势能不变，而将 x 负半轴端势能改为无穷大的话，就变成了一道新的计算题。x 正半轴端波函数暂时不变，x 负半轴端因势能为无穷大波函数只能为 0，而波函数连续性条件要求 x 正半轴端波函数在 $x = 0$ 点处也为 0。只有当 n 为奇数时，厄米多项式在 $x = 0$ 点处才为 0。所以这种情况的能量本征值和本征函数分别为 n 取奇数时线性谐振子的能量本征值和本征函数。

氢原子包含束缚态和电离态。电子在库伦场中运动，取核为坐标原点，考虑电子相对核的运动，则电子势能为 $U(r) = -\dfrac{Ze_s^2}{r}$。其中，在国

际制基本单位中 e_s^2 为 $\dfrac{e^2}{4\pi\varepsilon_0}$。求解球极坐标中的薛定谔方程可得：$E < 0$ 时为束缚态（能级分立），$E > 0$ 时为电离态（能级连续）。束缚态能量

本征值为 $E_n = -\dfrac{m_e Z^2 e_s^4}{2\hbar^2 n^2}$（$n$ 为正整数），本征函数为 $\psi(r,\theta,\varphi) = R(r)Y(\theta,\varphi)$。实际上考虑电子与核的相对运动,应该采用约化质量,考虑质子质量是电子质量的 1 836 倍,约化质量直接取为电子质量。对于氢原子而言 $Z=1$,氢原子束缚态能级为 $E_n = -\dfrac{m_e e_s^4}{2\hbar^2 n^2} = -\dfrac{e_s^2}{2a_0}\dfrac{1}{n^2}$（$n$ 为正整数,a_0 为氢原子第一玻尔轨道半径）。这里需要补充说明一个知识点,那就是玻尔的半经典原子结构理论（1922 年的诺贝尔物理学奖授予了玻尔,以表彰他在研究原子结构和原子辐射方面的贡献）。在定态假设、定态与定态之间的跃迁假设以及轨道角动量量子化三个假设下,玻尔理论也能得出氢原子的束缚态能级。但是对于复杂程度仅次于氢的氦原子结构,玻尔理论却无法给出解释。玻尔理论的缺陷主要是把微观粒子看成了经典力学中的质点。从玻尔理论可以看出,人类探索自然规律不是一帆风顺的,更准确地认识自然规律需要大量科技工作者前赴后继,大胆前行。

量子力学中涉及了两类方程:薛定谔方程和本征值方程。薛定谔方程（也被称为波动方程）是量子力学波动力学描述的基础,由薛定谔建立。注意是建立,不是严格推导,正确性由具体计算结果与实验结果的吻合验证。薛定谔方程如下

$$i\hbar \frac{\partial}{\partial t}\psi = -\frac{\hbar^2}{2m}\nabla^2\psi + U(r)\psi \qquad (2-20)$$

薛定谔方程反映了微观粒子的运动规律,被总结为量子力学中的演化假设（见 1.2 节演化假设）。势能与时间无关,能量具有确定值的态被称为定态。定态薛定谔方程可简写为

$$\hat{H}\psi = E\psi \qquad (2-21)$$

型如公式(2-21)式的方程在数学物理方法中被称为本征值方程。定态能量 E 被称为算符 $\hat{H}$(哈密顿算符)的本征值,波函数 ψ 被称为算符 $\hat{H}$ 属于本征值 E 的本征函数。本征值方程在量子力学中非常有用。当体系处于本征函数所描写的态时,测量算符所代表的力学量,测量值就是本征值方程中的本征值。假如要求解的代表力学量的算符不满足体系所处本征态的本征值方程,那就要用到要求解算符本征函数的完全性了,详细求解过程请参考 1.2 节波函数假设。

量子力学中还涉及了动量算符的本征值方程,如公式(2-22)所示

$$\hat{\vec{P}}\psi_{\vec{P}}(\vec{r}) = \vec{P}\psi_{\vec{P}}(\vec{r}) \tag{2-22}$$

其中,本征函数为 $\psi_{\vec{P}}(\vec{r}) = \dfrac{1}{(2\pi\hbar)^{\frac{3}{2}}}\mathrm{e}^{\frac{\mathrm{i}}{\hbar}\vec{p}\cdot\vec{r}}$。动量本征值连续,本征函数归一化到狄拉克函数 $\delta(x)$。如需获得本征值分立的动量取值,可采用箱归一化方法,即把粒子限制在三维箱中再加上周期性边界条件。设箱子的棱长为 L,则归一化的动量本征函数为 $\psi_{\vec{P}}(\vec{r}) = \dfrac{1}{(L)^{\frac{3}{2}}}\mathrm{e}^{\frac{\mathrm{i}}{\hbar}\vec{p}\cdot\vec{r}}$。动量的本征值为 $p_i = \dfrac{h}{L}n_i$, $n_i = 0, \pm 1, \pm 2, \cdots$,其中, i 为 x、y、z 三个坐标分量。角动量平方算符的本征值方程和角动量 z 分量算符的本征值方程同样需要掌握,如公式(2-23)和(2-24)所示

$$\hat{L}^2 Y_{lm}(\theta, \varphi) = l(l+1)\hbar^2 Y_{lm}(\theta, \varphi) \tag{2-23}$$

$$\hat{L}_z Y_{lm}(\theta, \varphi) = m\hbar Y_{lm}(\theta, \varphi) \tag{2-24}$$

另外,电子自旋平方算符的本征值方程可写为

$$\hat{S}^2 \psi = s(s+1)\hbar^2 \psi \tag{2-25}$$

其中,自旋量子数 s 取 $\frac{1}{2}$。电子自旋波函数为 $\psi = \begin{pmatrix} \psi_1(x,y,z,t) \\ \psi_2(x,y,z,t) \end{pmatrix}$,属于本征值 $s_z = \frac{\hbar}{2}$ 的本征函数为 $\psi_{\frac{1}{2}} = \begin{pmatrix} \psi_1(x,y,z,t) \\ 0 \end{pmatrix}$,属于本征值 $s_z = -\frac{\hbar}{2}$ 的本征函数为 $\psi_{-\frac{1}{2}} = \begin{pmatrix} 0 \\ \psi_2(x,y,z,t) \end{pmatrix}$。自旋角动量 z 分量算符的本征值方程为

$$\hat{S}_z \psi_{\frac{1}{2}} = \frac{\hbar}{2} \psi_{\frac{1}{2}} \qquad (2-26)$$

$$\hat{S}_z \psi_{-\frac{1}{2}} = -\frac{\hbar}{2} \psi_{-\frac{1}{2}} \qquad (2-27)$$

转动惯量为 I 的空间转子模型的本征值方程为(可参照参考文献[3]中课后习题 3.5)

$$\frac{\hat{L}^2}{2I} Y_{lm}(\theta,\varphi) = E_l Y_{lm}(\theta,\varphi) \qquad (2-28)$$

其中,能量本征值为 $E_l = \frac{l(l+1)\hbar^2}{2I}$($l$ 为 0 和正整数)。线性谐振子模型可近似模拟双原子分子的振动,空间转子模型可近似模拟双原子分子受到撞击以后的转动。陈彦辉分析了线性谐振子加空间转子模型的基态能量和能量本征值的简并度,采用非简并定态微扰理论计算了该系统的能量一级修正值(为零)、二级修正值和波函数一级修正值[18]。量子力学可修正微观粒子微观运动模型,热力学与统计物理学是连接微观与宏观的桥梁。陈彦辉计算了常温和高温时振动与转动耦合时双原子分子的配分函数,通过配分函数计算了相应的热力学态函数[19]。通过量子力学计算微观模型,通过统计物理计算修正过的微观模型对应的宏观热力学量,

该热力学量有何用处？比如,可以修正物态方程数据表格。陈彦辉利用线性谐振子加空间转子模型初步计算了恒星纯氢大气中的热力学函数并对应着修改了物态方程数据表格[20]。恒星物态方程表格是恒星结构与演化的基础,恒星结构与演化是天体物理的基础。理论物理和天体物理均属于基础研究方向,基础研究工作是整个科学体系的基石,任重道远,需要广大科技工作者十年磨一剑。

2.4　概率最大的位置

在 1.3 小节中讲述微观粒子波粒二象性的体现时曾提到玻恩首先提出了波函数的统计解释,他因此获得了 1954 年的诺贝尔物理学奖。波函数统计解释的内容为:波函数在空间中某一点的强度(振幅绝对值的平方)和在该点找到粒子的概率成比例[1]。由此可见,描述粒子的波是概率波。实际上,概率论在理论物理领域的应用十分广泛。比如,在热力学与统计物理学中我们强调宏观条件支配可能出现的微观状态以及各可能微观状态出现的概率。也就是说宏观条件确定了以后,虽然不确定会出现哪些微观状态,但是各可能出现的微观状态的概率是确定的。用微正则分布描述孤立系,用正则分布描述封闭系,用巨正则分布描述开放系。实质上,这三种分布给出的均是概率。根据波函数的统计解释,微观体系的状态被一个波函数完全描述,从波函数里可以得出体系的所有性质。本小节重点关注概率最大的位置。波函数的模平方表示概率,概率最大的位置也就是波函数模平方的最大值位置。可通过波函数模平方对坐标的一阶导数等于零来求极值,也可通过画图求极值。

在 2.1 小节中讲述了 $-a$ 到 a 的一维无限深方势阱阱内的波函数为公式(2-2)。图 2-2 为依据公式(2-2)画出的线性谐振子前几项波函数的模平方图,即概率密度分度图[21]。从波函数公式以及图像中均可以看出,量子数 n 为奇数时,概率密度为余弦函数的平方;量子数 n 为偶数时,概率密度为正弦函数的平方。从图 2-2 中可以明显看出,该一维无限深方势阱处在基态时概率最大的位置是 $x=0$,处在第一激发态时概率最大的位置是 $x=\pm\dfrac{a}{2}$。 当 $n=3$ 时,概率最大的位置是 $x=0,\pm\dfrac{2}{3}a$。

当 $n=4$ 时,概率最大的位置是 $x=\pm\dfrac{1}{4}a$,$\pm\dfrac{3}{4}a$。 更高阶波函数的概率最大的位置,可画图以此类推。

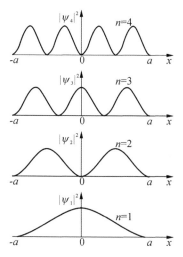

图 2-2　一维无限深方势阱中粒子的概率密度分布[21]

　　图 2-3 为线性谐振子的前几项概率密度图[21]。从图中可以看出处在基态的线性谐振子概率最大的位置为平衡位置处,即 $\xi=\alpha x=0\left(\alpha=\sqrt{\dfrac{m\omega}{\hbar}}\right)$。 处在第一激发态的线性谐振子概率最大的位置为 $\xi=\pm1$。 由于线性谐振子的波函数包含厄米多项式,更高阶的线性谐振子概率最大的位置需要通过具体的数值计算获得。

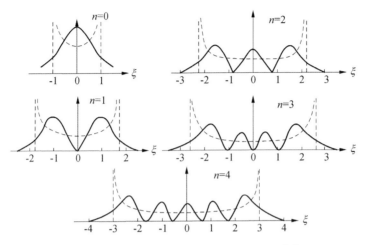

图 2-3　线性谐振子的前几项概率密度图[21]

图 2-4 为氢原子的径向概率分布图[21]。从图中可以看出,当 $n-l=1$ 时,概率最大的位置为 $n^2 a_0$。即基态氢原子概率最大的位置为第一玻尔轨道半径 a_0 位置处。请注意,概率最大的位置和坐标的期望值很可能不相等,比如基态氢原子 r 的期望值为 $\frac{3}{2} a_0$。我们在普通物理中学习到了原子模型。原子的尺度为 10^{-10} m,原子核的尺度为 10^{-15} m,二者有 5 次幂的数量级之差。普通物理任课教师在授课时经常用足球场(100 m 的尺度)来模拟原子,原子核则是足球场中间的一粒沙子(1 mm 的尺度)。可想而知,原子核的外围是非常空旷的。基态氢原子概率最大的位置为 $a_0=0.529$ Å。也就是说在第一玻尔轨道半径的里面,原子核也是非常空旷的。原子核的外面也非常空旷,电子以概率云的形式分布在原子核周围(此周围是一个相当大的范围)。人类探索自然地脚步从未停歇。

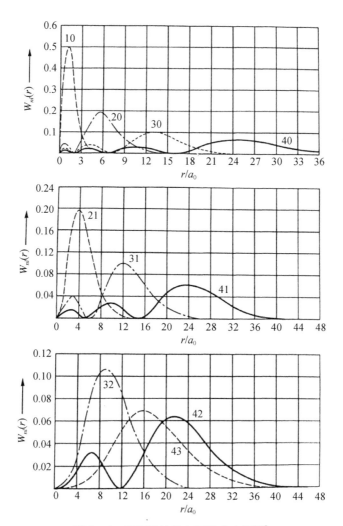

图 2-4　氢原子的径向概率分布图[21]

第 3 章

基

态

上一章以束缚态为主线(附带一些非束缚态情况)讲述了量子力学中需要掌握的薛定谔方程和本征值方程的例子。需要掌握的基本方程总共不超过十个,量子力学的理论非常简洁。量子力学中体系能量最低的态被称为基态。本章计划依赖不同方法(如常规求解薛定谔方程,通过不确定关系、微扰法、变分法等方法)介绍不同物理体系(如线性谐振子、氢原子、氦原子等)的基态能量并对低温情况进行初步讨论。

3.1 线性谐振子基态

在 2.3 小节中已经概述了线性谐振子的能量本征值，即 $E_n = \hbar\omega\left(n+\dfrac{1}{2}\right), n=0,1,2,\cdots$。其中，$n=0$ 的态为基态，线性谐振子基态能量又称为零点能。光被晶体散射的实验证明了零点能的存在，零点能还可以较好的解释引起表面张力、吸附作用等现象的分子间的范德瓦尔斯力[3]。由分子光谱可获得双原子分子气体振动特征温度值 $\left(T_V=\dfrac{h\nu}{k}\right)$，见表 3-1[2]。从表 3-1 可以看出，列出的双原子分子热激发的特征温度都在 1 000 K 以上数量级。常温时这些双原子分子被"冻结"在基态，能量为零点能。常温时这些双原子分子的振动对热容量没有贡献。

表 3-1 由分子光谱获得的部分双原子分子气体振动特征温度值列表

分子种类	特征温度 $T_V(10^3\ \text{K})$	分子种类	特征温度 $T_V(10^3\ \text{K})$	分子种类	特征温度 $T_V(10^3\ \text{K})$
H_2	6.10	O_2	2.23	NO	2.69
N_2	3.34	CO	3.07	HCl	4.14

早些年，玻尔索末菲的量子化条件为 $\oint p\,dq=nh$，p、q、n 分别为广义动量（大小）、广义坐标（大小）和量子数（取 0 和正整数）。后来为了包含线性谐振子零点能，玻尔索末菲的量子化条件被修正为 $\oint p\,dq=(n+$

$\frac{1}{2})h$。这样由玻尔索末菲量子化条件即可准确推导线性谐振子能量公式,包含零点能。在推导过程中,可将线性谐振子定态薛定谔方程化成椭圆方程的标准形式,坐标项和动量项刚好是椭圆的二坐标轴,玻尔索末菲量子化条件刚好为椭圆的面积,可据此计算线性谐振子定态能量。也可依据非相对论能量动量关系直接求出线性谐振子动量表达式(包含定态能量),直接积分计算求解线性谐振子能级。

采用海森堡测不准关系也可以计算线性谐振子的零点能。首先写出振子的平均能量,然后计算坐标和动量的均方偏差以及期望值,再根据测不准关系即可获得线性谐振子的零点能 $\frac{1}{2}h\omega$ [3](参考文献[3]中的81页)。实际上,线性谐振子的零点能是测不准关系要求的最小能量。

在量子力学中,我们学习了采用变分法求体系的基态能量。采用变分法求解体系基态能量的一般步骤可以总结为如下四步:

第一步:写出体系的哈密顿算符($\hat{H}$)。

第二步:写出含有变分参数 λ 的尝试波函数 $\psi(\lambda)$。 其中,变分参数用来调整尝试波函数。尝试波函数的选取对结果有决定性意义,但是一般没有固定的选取规律。往往只能根据体系的对称性、边界条件、物理直观等特点选取尝试波函数。

第三步:计算体系哈密顿在尝试波函数所描写态中的期望值,如公式(3-1)所示

$$\bar{H}(\lambda) = \int \psi^*(\lambda)\hat{H}\psi(\lambda)\mathrm{d}\tau \Big/ \int \mid \psi(\lambda)\mid^2\mathrm{d}\tau \qquad (3-1)$$

第四步:对哈密顿在尝试波函数所描写态中的期望值求极小值,即令 $\mathrm{d}\bar{H}(\lambda)/\mathrm{d}\lambda=0$,求 $\bar{H}_{\min}(\lambda)$。 最终可获得体系基态能量和基态波函数,分别为 $E_0 \approx \bar{H}_{\min}(\lambda)$ 和 $\psi_0 \approx \psi(\lambda_{\bar{H}_{\min}})$。

通过变分法也可以计算线性谐振子的零点能。设尝试波函数为 $\psi(x,\lambda)=Ae^{-\lambda x^2}(\lambda>0)$，其中，$\lambda$ 是与 x 无关的变分参数，A 为归一化常数。读者可采用变分法并尝试用上述四个步骤求解线性谐振子的基态能量和基态波函数，求解结果可以和准确结果比对。当然，除了需要掌握线性谐振子的零点能以外，还需要掌握线性谐振子的波函数 $\psi_n(x)=N_n e^{-\frac{a^2}{2}x^2}H_n(\alpha x)$ 以及基态波函数 $\psi_0(x)=\sqrt{\dfrac{\alpha}{\sqrt{\pi}}}\mathrm{e}^{-\frac{a^2}{2}x^2}$。厄米多项式的前几项需要学生掌握，比如 $H_0(\xi)=1,H_1(\xi)=2\xi,H_2(\xi)=4\xi^2-2$，$H_3(\xi)=8\xi^3-12\xi$ 等。

3.2　氢原子基态

　　在 2.3 小节中,介绍了玻尔半经典原子结构理论得出了氢原子的能

级为 $E_n = -\dfrac{e_s^2}{2a_0}\dfrac{1}{n^2}$。 在给学生授课过程中,我有意识的提醒学生需要

掌握一些常用物理量的表达式和取值,比如 $e_s^2 = \dfrac{e^2}{4\pi\varepsilon_0} = 14.4 \text{ eV} \cdot \text{Å}$。 而

氢原子的第一玻尔轨道半径为 $a_0 = \dfrac{\hbar^2}{m_e e_s^2} = 0.529 \text{ Å}$。 当主量子数 $n = 1$ 时,很

容易计算得到氢原子的基态能量 $E_1 = -\dfrac{e_s^2}{2a_0} = -\dfrac{14.4}{2 \times 0.529} \text{ eV} \approx$

-13.6 eV。 玻尔理论只考虑了一个自由度(电子的圆周运动),索末菲等
人将玻尔理论推广到了多个自由度,对一个价电子的 Li、Na、K 等原子光
谱也可以很好地进行解释。玻尔、索末菲的理论取得了一定的成就,但是
由于这些理论把粒子看作质点,在解释氦原子时,理论与实验结果不符。

　　学习了量子力学后,通过求解薛定谔方程可以获得氢原子的束缚态

能级为 $E_n = -\dfrac{m_e e_s^4}{2\hbar^2 n^2} = -\dfrac{e_s^2}{2a_0}\dfrac{1}{n^2}$。 自然也可以获得氢原子的基态能

量 $E_1 \approx -13.6 \text{ eV}$。 玻尔模型只能获得能级,获得不了其他信息。而量
子力学理论除了可以获得氢原子能级(实际上是氢原子体系中电子受原
子核作用的能级,简称为氢原子能级),还可以从薛定谔方程以及本征值
方程中获得本征函数,即描述氢原子中电子运动的波函数。根据量子力

学波函数假设，从波函数中可以获得体系的所有性质。

　　通过海森堡测不准关系也可以计算氢原子的基态能量（参考文献［3］中的课后习题 3.13）。先写出氢原子的能量 $E = \dfrac{p^2}{2m} - \dfrac{e_s^2}{r}$，再根据坐标和动量的测不准关系把动量 p 换成 $\dfrac{\hbar}{r}$，可得 $E(r) \sim \dfrac{\hbar^2}{2mr^2} - \dfrac{e_s^2}{r}$ [13]。利用一阶导数等于零且二阶导数大于零求极小值的数学方法，即可获得氢原子基态能量 $E_{\min} \sim \dfrac{me_s^4}{2\hbar^2} \approx -13.6 \text{ eV}$ [13]。

　　在 3.1 小节的最后提到了可以用变分法计算线性谐振子的基态能量，实际上也可以用变分法计算氢原子的基态能量。设尝试波函数为 $\psi(r,\lambda) = Ae^{-\lambda r}(\lambda > 0)$，其中，$\lambda$ 是与 r 无关的变分参数，A 为归一化常数。读者可采用变分法并尝试用 3.1 节中的四个步骤求解氢原子的基态能量和基态波函数，求解结果可以和准确结果比对。当然，我们需要对应着掌握氢原子的基态能量和基态波函数 $\psi_{1,0,0} = R_{1,0}Y_{0,0} = \left(\dfrac{Z^3}{\pi a_0^3}\right)^{\frac{1}{2}} e^{-\frac{Zr}{a0}}$（对于氢原子，$Z=1$）。也需要掌握球谐函数的前几项，比如 $Y_{0,0}(\theta,\varphi) = \dfrac{1}{\sqrt{4\pi}}, Y_{1,1}(\theta,\varphi) = -\sqrt{\dfrac{3}{8\pi}} \sin\theta e^{i\varphi}, Y_{1,0}(\theta,\varphi) = \sqrt{\dfrac{3}{4\pi}} \cos\theta, Y_{1,-1}(\theta,\varphi) = \sqrt{\dfrac{3}{8\pi}} \sin\theta e^{-i\varphi}$ 等。

3.3　氦原子基态与锂原子基态

　　前文提到了利用玻尔理论没办法计算氦原子能级,也提到了使用变分法可以计算线性谐振子基态能量和氢原子基态能量。实际上,变分法的应用非常广泛。在周世勋先生的《量子力学教程》[1]中详细介绍了使用变分法计算氦原子基态能量的具体过程。采用变分法计算的氦原子基态能量为 $E_{\min} \sim -2.848 \dfrac{e_s^2}{a_0} \approx -77.5\,\mathrm{eV}$,其中,变分参数 Z 为 1.69。也就是说氦原子核中的 2 个正电荷被屏蔽成了 1.69 个有效电荷。氦原子基态能量的实验值为 $-78.98\,\mathrm{eV}$。这里有同学可能会问:氦原子的基态能量实验值从何而来? 氢原子的基态能量实验值从何而来? 虽然近代物理实验的个数有限,特别是偏远地区和欠发达地区实验条件有限。但是,只要我们稍微回顾一下经典物理学困难中的"四朵乌云",就会想起光电效应实验。仿照光电效应实验就可以设计探究氢原子基态能量和氦原子基态能量的实验。和实验值相比,变分法计算的氦原子基态能量理论值有 1.9% 的误差。课本中也讲述了通过微扰法求解薛定谔方程探究氦原子的具体过程(考虑了电子自旋)。微扰法考虑能级一级修正计算氦原子基态能量为 $E_{\min} \sim -2.75 \dfrac{e_s^2}{a_0} \approx -74.8\,\mathrm{eV}$。 和实验值相比,微扰法计算的氦原子基态能量理论值有 5.3% 的误差,高于变分法理论值误差。用微扰法计算的氦原子基态能量偏差略大是因为扰动项 $\dfrac{e_s^2}{r_{12}}$ 与其他势能项相比不一定很小,微扰法适用的条件不一定完全得到了满足。当然,微扰法也可以计算氦原子激发态能量。电子属于费米子,描述费米子的波函数是反对称的。当两个电子自旋函数反对称时,坐标函数就是对称的;当自旋函数对称时,坐标函数就是反对称的。这样才能保证坐标函数乘以自旋函数是反对称的。自旋函数对称的态有三个,导致总的波函数是三重态,处于三重态的氦被称为正氦;自旋函数反对称的态有一个,导致总的波函数是单态,处于单态的氦被称为仲氦。基态氦原子为单态,即为仲氦。统计物理中计算低温氢分子热容量时,考虑了氢分子的核子旋,正氢贡献了 $\dfrac{3}{4}$ 的热容量,仲氢贡献了 $\dfrac{1}{4}$ 的热容量。考虑了核自旋以后,低温氢分子的热容量理论值和实验值吻合。微观粒子的自旋是量子力学特有而经典力学没有的物理量,是一百年来人类最伟大的发现之一。

讲到这里,顺便总结一下微扰法和变分法的优缺点。

1. 微扰法缺点:受到扰动条件的限制,即公式(3-2)

$$\left| \frac{H'_{mn}}{E_n^0 - E_m^0} \right| \ll 1, (E_n^0 \neq E_m^0) \tag{3-2}$$

2. 微扰法优点:可以做更高阶的修正,可以计算激发态的能量。

3. 变分法优点:可以很简洁地计算出体系的基态能量,不受微扰法使用条件的限制。

4. 变分法缺点:结果的准确性难以估计。不易作进一步修正。很难计算激发态能量。尝试波函数的选取无固定规律且对计算结果有决定性意义。

我们已经讲述了变分法计算氢原子基态能量,变分法计算氦原子基态能量,那么变分法可以计算锂原子基态能量吗?答案是肯定的。2018年,董良杰按照3.1小节中讲述的采用变分法计算体系基态能量的一般步骤求解了锂原子的基态能量,数值为-199.936 eV[22]。锂原子基态能量的实验值为-203.345 eV,和实验值相比理论值的误差为1.68%。鼓励同学们采用玻尔的半经典模型计算一下锂原子基态能量并和实验结果相比较,以养成勤动脑、多思考的好习惯。同时鼓励同学们查阅文献看一看变分法计算原子结构的基态能量计算到了第几号原子? 为什么不继续算下去? 是卡在了尝试波函数的选取上还是卡在了复杂的数学计算上?

　　一环扣一环,勤动脑,多思考,充实的大学生活会让自己考研时有更多的选择,在研究过程中有更多的点子(idea)。很好的 idea 往往比研究过程和结果还重要。而很好的 idea 来源于扎实的基础、长期的积累,以及爱思考的大脑。有些大学生在中学期间学得比较辛苦,误以为上了大学就轻松了,这是个严重的误区。大家入学时几乎对同一个分数段,而毕业时有的同学在纠结三方协议和研究生录取通知书之间究竟该选哪一个,有的同学却面临着毕业即失业的情况。大学生容易产生茫然的心理,实际上,无论在人生的哪个阶段,茫然时都应先做好本职工作。大学生也是学生,学生的本职工作是学习。学好文化课,经过认真思考以后进行适合自己的选择,适合自己的就是最好的。

3.4 低温情况简介

    本章讲述基态,基态与低温往往是密不可分的。本小节计划对低温情况开展初步讨论。物理中的低温是一个相对的概念。比如,对于四季如春的昆明,冬季偶尔达到 0 摄氏度就算是很低温了。而对于冬季的哈尔滨,0 摄氏度却算是高温了。在统计物理中,我们研究的最简单的体系是单原子分子理想气体。能否采用经典描述,需要两个判断条件。一是经典粒子是可分辨的,要求粒子定域。二是粒子热运动典型值 kT 远远大于粒子相邻能级间隔,即能级准连续。此二条件即为粒子低密度和高温。容易估算,在室温条件下,对于一般气体,经典统计都是适用的[2]。也就是说对于讨论单原子分子理想气体的经典统计问题,室温即为高温。

    定压热容量和定容热容量在物理实验中是比较容易观测的物理量,也是检验理论物理的有效参数。对于单原子分子理想气体,经典统计获得的定压热容量与定容热容量之比为 $\dfrac{5}{3}$,与氦、氖、氩、氪、氙、钠、钾、汞气体的实验值吻合甚好[2]。对于双原子分子理想气体,在表 3-1 中,我们列出了由分子光谱获得的部分双原子分子气体振动特征温度数值。双原子分子的振动特征温度一般为 1 000 K 以上。即室温时,这些双原子分子被"冻结"在基态,能量为零点能,对热容量没有贡献。也就是说,对于讨论双原子分子振动对热容量的贡献而言,室温即为低温。对于氢气分子的热容量,考虑原子内部电子能级对热容量的贡献时,根据量子力学计算氢原子基态与第一激发态能级间隔为 10.2 eV。而室温下(300 K)热能的典型值 kT 为 0.026 eV,即室温时氢原子中的电子均处在基态,很难激发。室温即为低温,原子内部电子能级对热容量没有贡献。双原子分子热容量考虑平动和转动(振动能和电子能级均处在基态)计算定压热容量与定容热容量之比为 1.4。而氢气在 92 K 时,定压热容量与定容热容量之比的实验值为 1.6[2]。在 3.3 小节中,我们已经介绍过考虑氢分子的核自旋可解释低温氢分子的热容量问题。此处,92 K 为低温(因为和氢气的转动特征温度很接近)。

讨论了气体热容量后,我们再来讨论一下固体热容量。固体定容热容量的实验结果为:室温及更高温度时,定容热容量趋于常数(杜隆-珀蒂定律)。在低温极限下($T \to 0$ 时),非金属固体定容热容量正比于 T^3;金属固体定容热容量正比于 T。 组成固体的原子或离子通常排列成周期性的点阵,即晶格。原子或离子可在晶格格点附近作微小振动。用经典能均分定理计算可算出定容热容量为 $3Nk$,N 为固体中的原子个数,k 为玻尔兹曼常数。经典能均分定理可解释室温及更高温时定容热容量趋于常数的情况(固体格点定域、室温及更高温时能级准连续,自然过渡到经典描述),没办法解释低温情况。爱因斯坦引入了量子力学中的线性谐振子模型(N 个固体原子具有相同的振动圆频率,即爱因斯坦特征频率)来描述固体的晶格振动,定压比热容在室温及高温时与杜隆-珀蒂定律吻合,在低温极限时以指数函数的形式趋于 0。虽然趋于 0 的函数形式与实验没有严格一致,但是在低温极限时可以趋于 0 了,理论在一点一点地进步。德拜改进了爱因斯坦的模型,对于 N 个固体原子引入了 N 个振子特征频率,理论计算得出定容热容量在室温及高温时与杜隆-珀蒂定律吻合,在低温极限时正比于 T^3。 德拜理论成功解释了非金属固体在低温极限时的定容热容量。对于低温极限时金属固体的定容热容量,需要考虑费米统计、考虑金属自由电子气体,计算获得电子的热容量在低温极限

时正比于 T[2]。基于费米统计计算的热力学函数、物态方程等在白矮星、中子星等极端致密天体中具有广泛应用。

对于玻色子,早在 1924 年,玻色和爱因斯坦就预言了在温度足够低时粒子数守恒的玻色气体分子将"聚集"在其能量最低的量子态上[2],即玻色-爱因斯坦凝聚。这是一种动量空间的凝聚,由于坐标和动量的测不准关系,可间接等效成在坐标空间的凝聚。图 3-1 为铷原子在 400 nK、200 nK、50 nK 时的玻色-爱因斯坦凝聚,图中三子图的宽度尺度为 0.2 mm[2]。从图中可以看出,当温度足够低时,可以发生玻色爱因斯坦凝聚。温度从 400 nK 到 200 nK 再到 50 nK,铷原子在坐标上的凝聚现象越来越明显,间接反映了在动量空间的玻色-爱因斯坦凝聚。低温的获得是验证玻色-爱因斯坦凝聚的关键。1997 年的诺贝尔物理学奖颁给了美籍华裔物理学家朱棣文、法国物理学家克洛德•科昂-唐努德日以及美国的威廉•菲利普斯,表彰他们对激光冷却及捕获原子方法的研究。Eric A. Cornell、Wolfgang Ketterle 以及 Carl E. Wieman 因证实了玻色-爱因斯坦凝聚而获得了 2001 年的诺贝尔物理学奖。玻色-爱因斯坦凝聚从理论提出到实验验证真是经历了一个漫长的过程。

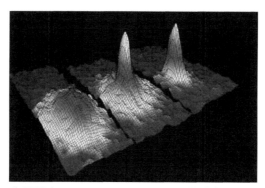

图 3-1　铷原子在 400 nK、200 nK、50 nK 时的玻色-爱因斯坦凝聚,图中三子图的宽度尺度为 0.2 mm[2]

图源:NIST

从对低温情况的初步讨论可以看出,极端物理条件往往蕴含着极端物理规律。极端物理规律和极端物理实验都将极大地促进人类对自然界的认知。理论和实验对于物理学的发展就像人类的两条腿一样。有时理论走在前面,比如玻色-爱因斯坦凝聚、广义相对论等;有时实验走在前面,比如经典物理学中的"四朵乌云"、天体物理领域的暗物质和暗能量等。不过,人类从未停止探索自然的脚步。

第 4 章

电子屏蔽

在上一章中讲述利用变分法计算氦原子基态、锂原子基态时引入了电子屏蔽。本章计划首先讲述氦原子、锂原子、钠原子屏蔽现象；然后讲述电子屏蔽在恒星核反应中的应用；最后介绍屏蔽库仑势在脉动白矮星中的应用。

举一个通俗易懂的例子来解释电子屏蔽。假设空间中有一个正的点电荷，该点电荷的电场线从该点电荷位置处出发、终止到无穷远。假如在该正点电荷周围有球面均匀分布的负电荷将该正点电荷包围，那么该正点电荷的电场线变成了从该正点电荷处出发终止到负电荷处。球面均匀分布的负电荷外没有正点电荷产生的电场。相当于球面外原来存在的正点电荷电场被球面均匀负电荷屏蔽，如图 4-1 所示。这种情况可以被认为是完全屏蔽，是一种理想情况。现实中的物理问题中出现得更多的是部分屏蔽。

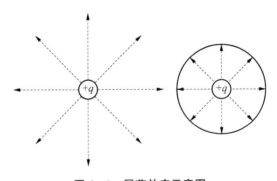

图 4-1　屏蔽效应示意图

4.1 氦原子、锂原子、钠原子的电子屏蔽

在利用变分法计算氦原子基态时,考虑电子屏蔽,我们将氦原子的原子序数 Z 作为变分参数,将两个类氢原子的基态波函数的乘积作为含参的尝试波函数。写出体系的哈密顿算符并求解体系哈密顿在尝试波函数描写量子态中的期望值,再求解该期望值的最小值,该最小值即为体系的基态能量。氦原子的原子序数为 $Z=2$,求解出体系基态能量对应的变分参数为 $Z=1.69$。将该变分参数带回尝试波函数即获得体系的基态波函数。我们看到氦原子体系原子核外只有两个电子,就把原子核中的两个正电荷屏蔽、等效成了 1.69 个正电荷。电子屏蔽效应是非常显著的基础物理规律。

变分法求解锂原子基态能量的过程和求解氦原子基态能量的过程相仿。有效电荷数为 $Z=2.6875$[22]。按照我们中学学的化学知识,锂原子包含了两层电子,第一层有两个电子,第二层有一个电子。第一层的两个电子类似锂离子,第二层的一个电子类似氢原子。这就为尝试波函数的选取提供了一定的思路。有了思路以后剩下的就是数学求解以及求解结果和实验值的比较了。锂原子的电子屏蔽效应也是非常显著的。

周世勋先生的《量子力学教程》中计算了电子自旋对钠原子光谱的影响,即自旋与轨道耦合。将此附加能看作微扰,计算简并微扰、求解久期方程,获得了钠原子光谱 3P 项的精细结构,如图 4 - 2[21] 所示。图中的 5 890 Å 和 5 896 Å 波长的能级跃迁就是著名的钠原子的双黄线。考虑自

旋与轨道耦合计算钠原子的能级公式[3]为

$$\begin{cases} E_{n,l,j=l+\frac{1}{2}} = E_0 + \dfrac{mc^2}{2}\left(\dfrac{\alpha Z}{n}\right)^4 \dfrac{n}{(2l+1)(l+1)} \\[4mm] E_{n,l,j=l-\frac{1}{2}} = E_0 - \dfrac{mc^2}{2}\left(\dfrac{\alpha Z}{n}\right)^4 \dfrac{n}{l(2l+1)} \end{cases} \tag{4-1}$$

其中，n 为主量子数，l 为角量子数，m 为磁量子数，c 为光速，α 为精细结构常数。参数 Z 为考虑屏蔽以后的原子序数。将公式(4-1)应用到钠原子的 3P 项计算 3P 项两能级差，即计算公式(4-1)中的二式之差，和相差 6 Å 波长对应的能极之差比较可得屏蔽以后的原子序数为 $Z=3.54$。也就是说在钠原子的双黄线中，钠的原子序数 $Z=11$ 被屏蔽成了 $Z=3.54$。

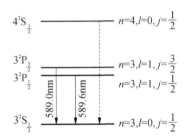

图 4-2　钠原子光谱 3P 项的精细结构图[21]

电子屏蔽为基础物理规律，属于基础研究工作范畴，在基础物理中应用广泛。

4.2　恒星核反应中的电子屏蔽

　　电子屏蔽在恒星核反应中也有广泛的应用。人们研究太阳内部的能源问题有一段较长的历史。太阳的质量为 1.989 1×10^{30} kg[9]，太阳的年龄约为 46 亿年。早期，人们估算太阳质量的煤炭、石油、天然气等燃料燃烧的寿命均远远小于太阳的年龄。靠引力势能也不足以提供长时标的太阳辐射。直到爱因斯坦质能方程 $E = mc^2$ 问世以后，人们才意识到太阳内部应该是核反应提供能源。1967 年，诺贝尔物理学奖授予美国物理学家汉斯·贝特（Hans Bethe），表彰他对核反应的研究工作以及对太阳能量来源的解释。

　　在核聚变反应中虽然仅有很少的质量转换为能量，但是光速的平方是巨大的以至于转换的能量也是巨大的。比如 2 个质子和 2 个中子结合成 1 个氦原子核将释放 28.296 MeV 的能量，而一个碳原子和两个氧原子化合成二氧化碳时只释放 4 eV 的能量[23]。

　　原子核的尺度为 10^{-15} m 数量级，原子核中一般包含带正电的质子和不带电的中子。原子核内核子之间的核力为短程力、属于强相互作用。质子之间的库伦斥力为长程力、属于电磁相互作用。将若干个核子结合成原子核放出的能量或者将原子核中的全部核子分散开所需的能量即为原子核的结合能。原子核的结合能与核子数之比为每个核子的平均结合能，被称为比结合能[24]。图 4 - 3 为比结合能与核子总数关系图[25]。从图4 - 3 中可以看出，^{56}Fe 是比结合能最大的原子核，比 ^{56}Fe 轻的轻核聚

变为重核或者比 ^{56}Fe 重的重核裂变为轻核时均释放结合能[24]。更多恒星核反应信息可参考黄润乾先生的《恒星物理》[23]和李焱先生的《恒星结构演化引论》[25]。

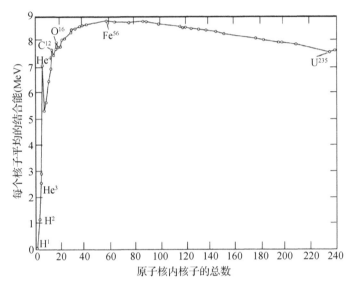

图 4-3   比结合能与核子总数关系图[25]

我们熟悉的四种物质状态为固态、液态、气态和等离子态。恒星内部核反应区温度非常高,物质被完全电离形成等离子态。核反应的靶核周围有电子云存在,部分屏蔽了靶核的电荷、降低了靶核的库伦势垒,增大了入射粒子穿过库伦势垒的隧道效应概率,增加了核反应速率[23,25]。从量子力学可知透射系数的表达式为

$$D = D_0 e^{-\frac{2}{\hbar}\sqrt{2m(U_0-E)}a} \qquad (4-2)$$

其中,D_0 为数量级接近 1 的常数,U_0 为势垒高度,a 为势垒宽度。由公式(4-2)可以看出,势垒高度越高透射系数越小,势垒宽度越宽透射系数越小。所以电子屏蔽降低了靶核库伦势垒,增大了入射粒子穿过库伦势

垒的隧道效应概率。靶粒子 $+Z_x e$ 对入射粒子 $+Z_c e$ 的屏蔽库伦势垒[25]为

$$V = \frac{Z_x Z_c e^2}{r} \mathrm{e}^{-\frac{r}{r_D}} \qquad (4-3)$$

其中，r_D 为德拜半径。从公式 (4-3) 可以看出有屏蔽效应的库伦势可以写成纯净库伦势乘以一个 e 指数屏蔽因子。屏蔽库伦势在基础物理中应用广泛。

4.3 屏蔽库伦势在脉动白矮星中的应用

电子屏蔽在脉动白矮星中也有应用。白矮星是绝大多数中小质量恒星的演化结局。白矮星的质量和太阳质量相当,体积和地球体积相当,是极端致密天体。白矮星表面为理想气体物态结构,中心核为电子简并物态结构。即电子简并压与引力抗衡,维持着白矮星流体静力学平衡。质量更大的白矮星体积却更小,因为只有更小的体积才具有更强的电子简并压,才能和更大的引力抗衡。白矮星是天然的极端物理规律实验室。

有些恒星的内部波动传播会导致恒星出现光度、有效温度、谱线轮廓、视向速度等物理量周期性的变化,这类恒星被称为脉动变星。脉动白矮星的光变周期为 100 秒到 1 500 秒数量级。不同的物理结构会导致不同的脉动信息。类似中医诊脉,中医根据患者的脉搏信息研究患者的身体内部器官信息,天文学工作者根据观测到的脉动白矮星脉动模式信息研究白矮星的内部结构信息。

白矮星密度很高(等离子体密度也很高),理论上说屏蔽效应应该更显著,采用有屏蔽效应的库伦势研究白矮星的内部结构应该更符合物理规律。Paquette 等人提出对于白矮星而言,考虑屏蔽库伦势计算碰撞积分将获得更可靠的扩散系数[26]。陈彦辉利用考虑屏蔽库伦势计算元素扩散过程(WDEC 程序)演化白矮星网格模型分别拟合了 DBV 白矮星(表面有富氦大气)PG0122 + 104、DAV 白矮星(表面有富氢大气)HS 0507+0434B 和 R808,与考虑纯净库伦势计算元素扩散过程的拟合

结果相比较,拟合误差分别改进了 27%[27]、34%[28] 和 10%[29]。图 4-4
为拟合 DAV 白矮星 HS0507＋0434B 时的最佳拟合模型轮廓图和浮力
频率平方图,图 4-5 为图 4-4 的局部区域放大图[28]。考虑有屏蔽效应
的库伦势只会微微修正白矮星元素轮廓图,此微小的修正也会微小的修
正理论计算振动周期,平均而言使之向着观测周期的方向移动。

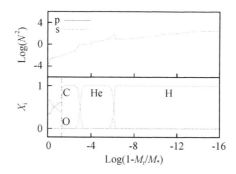

**图 4-4　拟合 DAV 白矮星 HS0507＋0434B 最优模型轮廓和浮力频率
平方图,实线为考虑纯净库伦势,虚线为考虑屏蔽库伦势[28]**

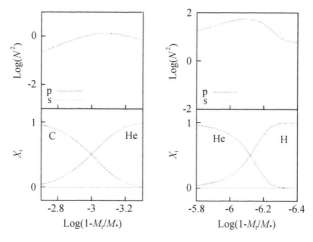

**图 4-5　图 4-4 的局部放大图,考虑屏蔽效应以后会使氢氦交界点略
向白矮星表面移动,氦碳交界点略向白矮星中心核移动[28]**

表 4-1 为采用纯净库伦势和屏蔽库伦势计算白矮星模型对 DAV 白矮星 HS0507＋0434B 观测周期进行拟合结果得到的[28]。从表 4-1 可以看出，平均而言，考虑屏蔽库伦势后拟合误差改进了 34%。屏蔽库伦势在脉动白矮星中的应用体现了完善基础理论使之更好地解释观测实验的科学发展过程。

表 4-1 采用纯净库伦势和屏蔽库伦势（WDEC 程序）计算白矮星模型对 DAV 白矮星 HS0507＋0434B 观测周期的最优拟合结果[28]。其中，P_{obs} 为观测周期，$P_{cal(p)}$ 为考虑纯净库伦势计算理论震动周期，$P_{cal(s)}$ 为考虑屏蔽库伦势理论计算周期，σ_{RMS} 为方均根拟合误差

P_{obs} [s]	$P_{cal(p)}$ [s]	$P_{obs}-P_{cal(p)}$ [s]	$P_{cal(s)}$ [s]	$P_{obs}-P_{cal(s)}$ [s]
355.3	355.62	−0.32	354.47	0.83
445.3	455.04	0.26	445.22	0.08
556.5	552.57	3.93	553.05	3.45
655.9	662.28	−6.38	658.71	−2.81
697.6	699.29	−1.69	699.42	−1.82
748.6	749.34	−0.74	747.15	1.45
σ_{RMS}	3.15		2.08	

第 5 章

恒星的电子简并物态结构

上一章讲述了电子屏蔽,包含氦原子屏蔽、锂原子屏蔽和钠原子屏蔽。介绍了电子屏蔽在恒星核反应中的积极作用以及屏蔽库伦势在脉动白矮星中的应用。本章计划讲述粒子物理基础知识,并讲授电子简并物态方程,然后介绍不同质量恒星的物态结构。

5.1 玻色子与费米子

质量、电荷、自旋等固有性质完全相同的粒子被称为全同粒子。金属导体中的自由电子、氢原子的核外电子以及电子枪中发射的电子束等都是全同粒子，即所有电子都是全同粒子。类似地，所有质子也都是全同粒子，所有中子也都是全同粒子。全同粒子组成的体系中，任意置换两全同粒子，不引起体系物理状态的改变，被称为全同性原理。

实验证明，由电子、质子、中子这些自旋为 $\pm\dfrac{\hbar}{2}$ 的粒子（自旋量子数为 $\dfrac{1}{2}$）以及其他自旋为 $\dfrac{\hbar}{2}$ 奇数倍的粒子组成的全同粒子体系的波函数是反对称的，服从费米狄拉克统计，被称为费米子[3]。除了电子、质子、中子外，中微子也是费米子。一般而言，物质粒子均为费米子。

光子自旋量子数为 1（自旋为 $\pm\hbar$，$0\hbar$ 为非物理态），基态氦原子、α 粒子自旋均为 0。自旋为 0 或者 $\hbar$ 整数倍的粒子组成的全同粒子体系的波函数是对称的，服从玻色-爱因斯坦统计，被称为玻色子[3]。光子、基态氦原子、α 粒子均是玻色子。氢原子（一个质子和一个电子）是玻色子。氦原子（两个质子、两个中子、两个电子）也是玻色子。某些原激发也属于玻色子。另外，希格斯粒子（2013 年诺贝尔物理学奖）也为玻色子。一般而言，媒介粒子均为玻色子。

费米子遵循泡利不相容原理，即不可能有两个或两个以上的费米子处于同一状态。泡利于 1925 年提出了泡利不相容原理并因此获得了 1945 年的诺贝尔物理学奖。玻色子不受泡利不相容原理的限制。

白矮星就是靠电子简并压与引力相抗衡维持流体静力学平衡结构的天体。电子简并压力存在上限,钱德拉塞卡因提出白矮星质量上限(约 1.44 个太阳质量)而获得了 1983 年的诺贝尔物理学奖。中子星通过中子简并压与引力相抗衡维持流体静力学平衡结构。中子星的质量上限被称为奥本海默极限,约 3 个太阳质量。有同学会问,有了电子简并、中子简并,还有没有其他特殊天体?我们知道质子和中子都是由夸克组成的,在某些恒星的核心坍缩过程中,可能会存在质子星或夸克星。质子星由于质子之间的排斥作用而导致稳定性很低,质子星和夸克星目前还处在理论研究阶段[30]。

5.2 电子简并物态方程

在普通物理课程中,我们学习了理想气体物态方程(无引力的弹性质点模型)

$$pV = NkT \qquad (5-1)$$

其中, p 为体系的压强, V 为体系的体积, N 为体系包含的粒子个数, k 为玻尔兹曼常数, T 为体系的热平衡温度。

对于实际气体(非理想气体),如采用弱引力的弹性钢球模型,我们可以对无引力的弹性质点模型进行初步修正,获得范德瓦尔斯方程(1 mol 气体)[31]

$$\left(p + \frac{a}{V_m^2}\right)(V_m - b) = RT \qquad (5-2)$$

其中, V_m 是 1 mol 气体的体积。参数 a 为考虑分子之间的弱引力从而引入的改正量。参数 b 为 1 mol 气体分子处于最紧密状态下所必须占有的最小空间,该参数为考虑气体体积引入的改正量。参数 R 为普适气体常量。

对于实际气体(非理想气体)的物态方程,在热学和热力学与统计物理学中我们还了解了级数展开形式的昂尼斯方程[31]

$$p = \frac{RT}{V_m}\left[1 + \frac{B(T)}{V_m} + \frac{C(T)}{V_m^2} + \cdots\right] \qquad (5-3)$$

其中，$B(T)$ 和 $C(T)$ 分别被称为第二和第三位力系数，均与温度相关。

从公式(5-1)、(5-2)和(5-3)可以看出，对于常见的理想气体和实际气体而言，气体的压强总是和温度密切相关的。

电子是费米子，遵循泡利不相容原理，即不可能有两个或两个以上的费米子处于同一状态。如果电子密度很高时，就会有挤压电子趋于同一状态的趋势，电子受泡利不相容原理的限制就会出现极强的反抗，被称为电子简并压力。在5.1小节中我们了解到白矮星就是极端致密天体。电子简并压力和引力相抗衡维持着白矮星流体静力学平衡结构。质量较小的白矮星的电子气体是非相对论性的，电子简并压强为[25]

$$P_e = \frac{8\pi}{15m_e h^3}\left(\frac{3h^3}{8\pi\mu_e m_H}\right)^{5/3}\rho^{5/3} \qquad (5-4)$$

质量接近钱德拉塞卡极限的白矮星内部的电子平均速度非常接近光速。极端相对论情况下的电子简并压强为[25]

$$P_e = \frac{2\pi c}{3h^3}\left(\frac{3h^3}{8\pi\mu_e m_H}\right)^{4/3}\rho^{4/3} \qquad (5-5)$$

在公式(5-4)和(5-5)中，m_e 为电子质量，m_H 为氢原子质量，h 为普朗克常数，μ_e 为电子的平均分子量。对于 ^4He、^{12}C、^{16}O 等(质子数和电子数相等)，μ_e 取 2；对于 ^{56}Fe(26 个核外电子)，μ_e 取 $56/26=2.15$。公式(5-4)和(5-5)可由热力学与统计物理中的费米统计推导，也可利用多方模型推导。电子简并压强和密度密切相关，和温度无关。高速运动的电子提供了最有效的传热方式，白矮星的电子简并核被近似认为是个等温核。另外，如4.3小节所述，质量越大的白矮星体积越小。因为质量越大时，需要更大的密度(更小的体积)提供更大的电子简并压强和引力抗衡维持白矮星处于稳定的流体静力学平衡状态。

5.3　不同质量恒星的电子简并物态结构

　　根据恒星结构与演化理论,一般认为质量小于 2.2 个太阳质量的恒星为小质量恒星。质量为 2.2~10 个太阳质量的恒星为中等质量恒星。质量大于 10 个太阳质量的恒星为大质量恒星[25]。图 5-1[32] 为不同质量

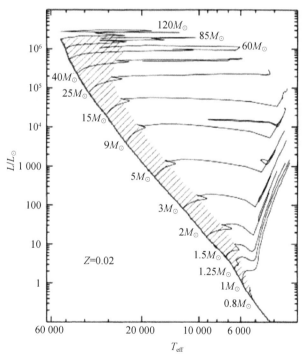

图 5-1　不同质量的恒星在赫罗图中的演化轨迹[32]

的恒星在赫罗图中的演化轨迹。以小质量恒星的演化为例,它们大致需要经历主序星、红巨星分支、水平分支、渐近巨星分支(asymptotic giant branch,AGB)、行星状星云和白矮星阶段,如图5-2[23]所示。恒星结构和演化过程与恒星的温度、密度、核反应等密切相关。本小节计划简要描述不同质量恒星的电子简并物态结构。

小质量恒星中心氢燃烧(核聚变反应在恒星中称为燃烧)生成氦(见4.2小节),中心氦核在点燃以前处于电子简并状态。小质量恒星的最终演化结局为白矮星,如图5-2所示。

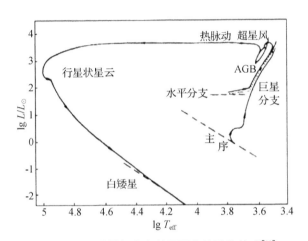

图5-2 小质量恒星在赫罗图中的演化轨迹[23]

中等质量恒星中心氢燃烧生成氦,氦点燃生成碳和氧,中心碳氧核处于电子简并状态。中等质量恒星的演化结局为白矮星。

大质量恒星参照图4-3发生核反应,中心核在成为铁核之前总是处于非简并状态。随着铁核的坍缩,其演化结局为超新星爆发[25]。

"量子力学""热力学与统计物理学"等理论物理课程是基础研究工作的基础。基础研究工作和教学工作是科技强国、科教兴国的基石。吾辈当严谨治学、润物无声。

第 6 章

能级分裂

前面章节介绍了束缚态、基态、电子屏蔽、电子简并，本章计划介绍能级分裂。能级在外电场中、外磁场中以及考虑精细结构时均会发生分裂现象。本章将逐一介绍。

6.1 斯塔克效应

若把原子置于外电场中,它发射的光谱线将会发生分裂。这种现象被称为斯塔克(Stark)效应,这是斯塔克 1913 年观测到的。斯塔克由于发现了极隧射线中的多普勒效应以及斯塔克效应而获得了 1919 年的诺贝尔物理学奖。对于氢原子而言,能级裂距正比于电场强度的一次方,被称为一级斯塔克效应。对于碱金属而言,能级裂距正比于电场强度的二次方,被称为二级斯塔克效应。

原子内部电场强度约为 10^{11} V/m,而一般外电场到 100 V/m 已经算是很强了[3]。所以外电场往往看作微扰来处理,可用简并微扰理论计算能级分裂。不考虑自旋,氢原子第一激发态 $n=2$ 能级简并度为 4,在外电场中能级裂距为 $3e\varepsilon a_0$。其中,e 为电子电荷量,ε 为外电场强度,a_0 为第一玻尔轨道半径。在向基态跃迁时谱线分裂成 3 条,简并部分解除,如图 6-1[21]所示。

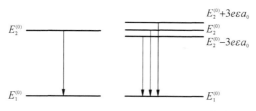

图 6-1 氢原子的一级斯塔克效应[21]

王燕锋计算了氢原子 $n=3$ 能级的一级斯塔克效应[33]。第二激发态能级分裂成了 5 条(不考虑自旋为 9 度简并),简并部分解除,能级裂距为 $4.5e\varepsilon a_0$[33]。薛丽丽计算了氢原子 $n=4$ 能级的一级斯塔克效应[34]。第三激发态能级分裂成了 7 条(不考虑自旋为 16 度简并),简并部分解除,能级裂距为 $6e\varepsilon a_0$[34]。王燕锋计算了氢原子 $n=5$ 能级的一级斯塔克效应[35]。第四激发态能级分裂成了 9 条(不考虑自旋为 25 度简并),简并部分解除,能级裂距为 $7.5e\varepsilon a_0$[35]。氢原子 $n=2-5$ 能级的一级斯塔克效应相关信息被列在了表 6-1 中。不考虑自旋,氢原子能级的简并度为 n^2。从表 6-1 中可以看出,当氢原子处在外电场中时,能级会发生分裂,能级分裂条数为 $2n-1$(也包含 $n=6$ 的能级[36]),简并均为部分解除。表 6-1 中的能级裂距为 $1.5ne\varepsilon a_0$,但是 $n=6$ 能级的一级斯塔克效应不遵循此规律[36]。

课本中只讲了氢原子 $n=2$ 能级的一级斯塔克效应,鼓励同学们多动脑、勤思考,多多搜索下载文献,提高自主学习能力。

表 6-1　氢原子的一级斯塔克效应信息表

氢原子能级	简并度(不考虑自旋)	能级分裂条数	简并解除情况	能级间裂距
$n=2$	4	3	部分解除	$3e\varepsilon a_0$
$n=3$	9	5	部分解除	$4.5e\varepsilon a_0$
$n=4$	16	7	部分解除	$6e\varepsilon a_0$
$n=5$	25	9	部分解除	$7.5e\varepsilon a_0$

6.2　塞曼效应

　　施特恩-格拉赫实验证明了电子具有自旋。1921 年,施特恩和格拉赫将处在 s 态的氢原子束射向准直狭缝和不均为磁场,发现在接收屏上只有两条分立的线。氢原子核质量远大于电子质量,核磁矩贡献可以忽略不计。氢原子核外的电子处在 s 态,轨道角动量为 0,没有轨道磁矩。只能假设电子还有一个内禀磁矩,而且该内禀磁矩只有两个取向时才能在接收屏上出现两条分立的线。施特恩因对分子射线法的研究以及对质子磁矩的发现而获得了 1943 年的诺贝尔物理学奖。

　　1925 年,乌伦贝克和哥德斯密脱提出了电子自旋的两条假设。第一条假设是每个电子都具有自旋角动量 $\vec{S}$,它在空间任何方向的投影只能取两个数值,即 $S_z = \pm \dfrac{\hbar}{2}$ [3]。第二条假设是每个电子都具有自旋磁矩 $\vec{M}_s$,它和自旋角动量 $\vec{S}$ 的关系是 $\vec{M}_s = -\dfrac{e}{m_e}\vec{S}$。乌伦贝克和哥德斯密脱刚开始投稿时和玻尔的观点类似,把电子的轨道运动与自旋运动看成与行星的公转和自转类似。他们的投稿没有获得洛伦兹的认可。他们的导师艾伦费斯特鼓励他们说:“别害怕,允许年轻人犯错误,有错改错,不要把研究成果一起抛掉。”后来证明,电子自旋假设是近代物理最重要的假设之一。

　　轨道磁矩在外磁场中会引起附加能,自旋磁矩在外磁场中同样会引起附加能。该附加能贡献在本征值方程中的势能项中。当外磁场很强时,可忽略电子轨道和自旋的耦合。受跃迁选择定则($\Delta l=\pm1, \Delta m=0, \pm1$)磁量子数的约束,能级跃迁频率为$\omega=\omega_0, \omega=\omega_0\pm\dfrac{eB}{2m_e}$。 其中,$\omega_0$为没有磁场时的能级跃迁圆频率,$\omega$为有强外磁场时的能级跃迁圆频率,$e$为电子电荷量,$B$为磁感应强度,$m_e$为电子质量。没有外磁场时的一条谱线在强外磁场中将分裂为三条,该现象称为简单塞曼效应。塞曼分享了 1902 年的诺贝尔物理学奖。根据简单塞曼效应,可借助谱线分裂间隔初步估算强磁场白矮星的磁感应强度。图 6-2 为斯隆数字巡天项目中白矮星 SDSSJ081716.39+200834.8 的光谱。从图 6-2 中可以明显看出该白矮星具有很强的磁场。可根据巴尔末吸收线的三分裂波长间隔计

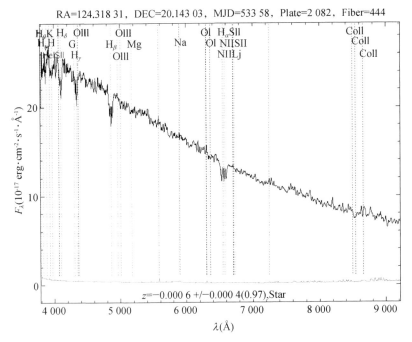

图 6-2　斯隆数字巡天项目中白矮星 SDSSJ081716.39+200834.8 的光谱

算圆频率间隔进而计算该白矮星的磁感应强度（MG 数量级[37]）。有关白矮星的磁场问题，通过白矮星星震学探测到的白矮星磁感应强度一般为几百高斯到上千高斯数量级[38-43]。而通过简单塞曼效应探测到的白矮星强磁场一般为兆高斯数量级。而磁感应强度为几万高斯到几十万高斯数量级的白矮星还没有被探测到。这为基础物理规律和白矮星演化提供了机遇与挑战。

当外磁场不是很强时，电子自旋与轨道相互作用项不能略去，光谱线将分裂成偶数条，该现象被称为复杂塞曼效应[3]。

6.3 精细结构

原子光谱在外电场中发生的谱线分裂现象被称为斯塔克效应。外电场强度和原子内部电场强度相比往往很弱。原子光谱在强外磁场中,轨道与自旋的耦合可以忽略,谱线会分裂成三条,该现象被称为简单塞曼效应。原子光谱在弱外磁场中,轨道与自旋的耦合不可以忽略,谱线会分裂成偶数条,该现象被称为复杂塞曼效应。

既没有外电场也没有外磁场时,考虑自旋与轨道的耦合也会产生谱线分裂现象,该现象被称为光谱的精细结构。图 4-2 展示的就是钠原子光谱 3P 项的精细结构,即著名的钠原子双黄线结构。普通物理实验中用到的钠灯实验(如等厚干涉现象实验、用菲涅耳双棱镜测波长实验、迈克尔逊干涉仪的调整和使用实验等[44])均使用了钠原子的双黄线,如精度不高,一般取 5 893 Å,要求高精度时方取 5 890 Å 和 5 896 Å。

在上一节中,我们提到了电子自旋假设是近代物理最重要的假设之一。实际上,不只是电子,原子核自旋也非常重要。故,我们在第 1.2 小节中提到了原子量为 133 的铯原子考虑核自旋(以及 LiF 核自旋)的两个超精细能级出现了负温度的问题;在 3.3 小节中提到了考虑低温氢分子核自旋解释实验热容量的问题。

2022 年的诺贝尔物理学奖颁给了 Alain Aspect、John F. Clauser、Anton Zeilinger,表彰他们对光子纠缠实验的研究、对违反贝尔不等式的研究,以及对量子信息科学的开创。基于初等量子力学,量子纠缠可以用如下例子来理解。假设有两个光子(自旋分别为 $+\hbar$ 和 $-\hbar$),在一定条件下可以转化为正负电子对。两个光子的初始自旋合计为 0,根据自旋守恒,在转化为正负电子对时自旋合计也应该是 0。如果我们把其中一个电子拿到太空去,另外一个放在地面。当测量地面电子自选为 $+\dfrac{\hbar}{2}$(头朝上)时,我们马上知道太空中的电子的自旋为 $-\dfrac{\hbar}{2}$(头朝下)。即发生了所谓的"超距"作用。量子纠缠在通信和密钥领域潜力巨大。类似薛定谔的猫,只要不测量,猫就处在既死又活的叠加态。理论上量子纠缠是不可能被破解的。上面这个例子如果假设两个光子的能量相等,可计算实现这种转化光子的最大波长。光子的最大波长也就是最小能量,而两光子转化为正负电子对时生成的电子的最小能量为电子质能方程中具备的能量。很容易计算实现这种转化光子波长的最大值为 0.024 Å。

微观量子规律本来就不能用常规的宏观规律来思考,特别是自旋。比如,宏观的立方体斜对角线在三个楞方向的投影均为棱长(这已经非常规则了)。但是电子自旋要求自旋角动量 $\vec{S}$ 在空间任何方向的投影只能取两个数值,即 $S_z = \pm\dfrac{\hbar}{2}$,这在宏观是不可能实现的。在宇宙大尺度结构以及微观粒子领域,我们只能是依据实验现象开展研究工作,在解释实验现象中摸索着学习、成长。

第7章

量子力学中的守恒量

量子力学中的守恒量同样是理论物理的精华，需要深入理解。特别是量子力学中一个不可观察量的对称性导致一个可观察量的守恒律以及能量时间测不准关系都需要深入思考，加强理解。本章计划讲解量子力学定态中的运动恒量以及含时微扰中的能量时间测不准关系。

7.1　运动恒量

在量子力学授课过程中,我们至少要掌握三个积分公式,即厄米算符的定义式、期望值公式以及矩阵元公式。如果对于两个任意的函数 ψ 和 ϕ,算符 $\hat{F}$ 满足下列等式

$$\int \psi^* \hat{F} \phi \, \mathrm{d}x = \int (\hat{F}\psi)^* \phi \, \mathrm{d}x \qquad (7-1)$$

则称 $\hat{F}$ 为厄米算符。其中,x 代表所有变量,积分范围是变量变化的整个区域。量子力学中算符 $\hat{F}$ 在 ψ 态中的期望值(为了和统计平均相区别,量子力学中叫期望值)为

$$\bar{F} = \int \psi(x)^* \hat{F} \psi(x) \, \mathrm{d}x \qquad (7-2)$$

在用矩阵表示算符时,矩阵元的积分公式为

$$F_{nm} = \int u_n(x)^* \hat{F}(x, \hat{p}_x) u_m(x) \, \mathrm{d}x \qquad (7-3)$$

其中,$\{u_n(x)\}$ 为 Q 表象本征矢。上述三个积分公式在求解量子力学具体问题时经常会用到,要求必须掌握。

在计算力学量期望值随时间变化时,我们获得了如下公式

$$\frac{\mathrm{d}\bar{F}}{\mathrm{d}t} = \overline{\frac{\partial F}{\partial t}} + \frac{1}{i\hbar} \overline{[\hat{F}, \hat{H}]} \qquad (7-4)$$

即力学量算符 $\hat{F}$ 既不显含时间又与 $\hat{H}$ 对易,那么 $\hat{F}$ 的期望值不随时间改变,为运动恒量。自由粒子的动量为运动恒量,中心力场中运动粒子的角动量为运动恒量,哈密顿不显含时间时体系的能量为运动恒量,哈密顿对空间反演不变时的宇称为运动恒量。上述运动恒量分别称为量子力学中的动量守恒、角动量守恒、能量守恒以及宇称守恒。实际上,量子力学中一个不可观察量的对称性导致一个可观察量的守恒律:空间平移对称性导致动量守恒,空间旋转对称性导致角动量守恒,时间平移对称性导致能量守恒,空间反演对称性导致宇称守恒[3]。

7.2　能量时间测不准关系

在 7.1 小节中讲述的是力学量算符 $\hat{F}$ 既不显含时间又与 $\hat{H}$ 对易,那么 $\hat{F}$ 的期望值不随时间改变,为运动恒量。不显含时间,一般描述的就是定态。期望值为运动恒量,那么算符 $\hat{F}$ 的具体本征值理论上是可以有涨落的。具体的含时过程我们有微扰理论 $\hat{H} = \hat{H}^{(0)} + \hat{H}'$,$\hat{H}^{(0)}$ 为可以精确求解的已知部分,$\hat{H}'$ 为很小的扰动部分。

对于 $\hat{H}'$ 不含时的情况,实际还是定态,我们有非简并定态微扰,至少要掌握能量本征值到二级修正、波函数到一级修正。定态简并微扰则需要求解久期方程,例如氢原子的一级斯塔克效应。对于 $\hat{H}'$ 含时的情况,实质就是能级跃迁的问题,例如光的发射和吸收问题。对于含时微扰,我们得出体系在 $\hat{H}'(t)$ 扰动下从初态 ϕ_k 跃迁到终态 ϕ_m 的概率为

$$W_{k \to m} = \left| \frac{1}{i\hbar} \int_0^t H'_{mk}(t') e^{i\omega_{mk}t'} \, \mathrm{d}t' \right|^2 \qquad (7-5)$$

其中,ω_{mk} 为体系从 E_m 能级跃迁到 E_k 能级的玻尔频率。在计算周期性微扰 $\hat{H}'(t) = \hat{A}\cos(\omega t)$ 时,我们得出了能量时间测不准关系,即

$$\Delta E \Delta t \sim \hbar \qquad (7-6)$$

也就是说在含时微扰过程中,能量已经测不准,能量守恒不是严格成

立的。与 7.1 节的定态过程中哈密顿不显含时间时体系能量守恒大不相同。而没有动量时间测不准关系(虽然有坐标和动量测不准关系,但是不涉及时间),所以说动量守恒是比能量守恒更广泛的守恒定律。

第8章

数学知识的应用

伟大的无产阶级精神领袖马克思认为："一种科学只有在成功地运用数学时，才算达到了真正完善的地步。"量子力学广泛地应用了数学知识，在本章内没办法逐一介绍。诸如厄米多项式和球函数等数学基础知识，请读者参考数学物理方法相关教材。本章节计划简要介绍 δ 函数的应用、留数定理的应用、矩阵的应用以及算符与狄拉克符号的应用。

8.1 δ 函数的应用

在量子力学中,我们学习了动量的本征值连续,将本征函数归一化为 δ 函数,这是一种广义的归一。即厄米算符的本征值无论分立还是连续,本征函数都可组成正交归一系。另外,从 2.2 小节中也可以看出 δ 势阱和 δ 势垒也是很常见的量子力学问题。本小节将系统回顾一下 δ 函数的基础知识。

δ 函数为研究质点、点电荷、瞬时力等抽象模型的密度而引入。δ 函数的定义式可写为如下两公式

$$\delta(x) = \begin{cases} 0, (x \neq 0) \\ \infty, (x = 0) \end{cases} \tag{8-1}$$

$$\int_a^b \delta(x)\mathrm{d}x = \begin{cases} 0, a < 0 \text{ 且 } b < 0 \text{ 或 } a > 0 \text{ 且 } b > 0 \\ 1, a < 0 < b \end{cases} \tag{8-2}$$

比如考虑描述质点的密度,所谓质点就是有质量的点模型,即有质量没有体积。在其他位置处质量密度自然是 0,而在质点所在位置处由于质点体积为 0 导致质量密度为无穷大,即用公式(8-1)描述。δ 函数在数学中是一种广义函数。对于公式(8-2),当积分区间没有跨过 0 点时,δ 函数取值为 0,积分值自然为 0。当积分区间跨过 0 点时,我们仅考虑 0 点处的积分。在 0 点处 δ 函数取值为无穷大而积分区间为无穷小(从 0^- 到 0^+),我们定义该积分值为数字 1。同时满足公式(8-1)和(8-2)的函数

为 δ 函数。

下面我们来简要介绍一下 δ 函数的基本性质。δ 函数关于坐标轴纵轴对称,所以 δ 函数是偶函数。δ 函数自变量取为非 0 点时的函数图像如图 8-1[45] 所示。

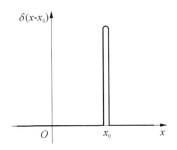

图 8-1 $\delta(x-x_0)$ 函数图像[45]

根据公式(8-2),我们可以获得 δ 函数的挑选性,即

$$\int_{-\infty}^{+\infty} f(\tau)\delta(\tau-t_0)\mathrm{d}\tau = f(t_0) \qquad (8-3)$$

量子力学中应用最多的是 δ 函数的积分表达式(在计算动量本征函数的归一化时一定会用到)

$$\delta(x) = \frac{1}{2\pi}\int_{-\infty}^{+\infty} e^{i\omega x}\mathrm{d}\omega \qquad (8-4)$$

注意等式左边自变量为 x,等式右边积分变量为 ω,以保证积分完毕后等式右边自变量也是 x。 更多有关 δ 函数的性质请参考《数学物理方法教材》[12,45]。

8.2 留数定理的应用

本小节中计划以一道具体的量子力学计算题为例来说明留数定理在量子力学中的应用。例题如下:设有一粒子沿直线(x 轴)运动,其波函数为 $\psi(x) = A\dfrac{1+\mathrm{i}x}{1+\mathrm{i}x^2}$,$A$ 为正实数,求归一化常数 A 的数值。下面我们给出具体求解过程。

解:由题意得波函数的归一化条件为

$$\int_{-\infty}^{+\infty} \mid \psi(x) \mid^2 \mathrm{d}x = 1 \tag{8-5}$$

即

$$A^2 \int_{-\infty}^{+\infty} \frac{1+x^2}{1+x^4} \mathrm{d}x = 1 \tag{8-6}$$

对于实变函数的积分 $\displaystyle\int_{-\infty}^{+\infty} \frac{1+x^2}{1+x^4} \mathrm{d}x$(数学物理方法教材中 4.2 小节课后习题 2.1[12,45]),我们采用留数定理,基于该实变函数积分的分母,令 $z^4 + 1 = 0$,得 $z^4 = -1 = e^{(2k+1)\pi\mathrm{i}}$。其中,$k = 0,1,2,3$ 以保证辐角的主值在[0,2π)范围内。宗量取值为 $z = e^{\frac{1}{4}\pi\mathrm{i}}$,$z = e^{\frac{3}{4}\pi\mathrm{i}}$,$z = e^{\frac{5}{4}\pi\mathrm{i}}$,$z = e^{\frac{7}{4}\pi\mathrm{i}}$。在实轴和上半平面做闭合回路包围所研究的区域,在闭合回路中应用留数定理(取宗量的前两个取值,后两个取值舍去)获得实变函数的积分

$\int_{-\infty}^{+\infty} \dfrac{1+x^2}{1+x^4} \mathrm{d}x = \sqrt{2}\,\pi$。则归一化常数为 $A = \sqrt{\dfrac{1}{\sqrt{2}\,\pi}}$。有了归一化常数就有了完整的波函数,从波函数中可以得出体系的所有性质,比如概率最大的位置等。

从这道简单的例题可以看出,普通物理课程是基础,非常重要;理论物理课程是普通物理课程的深入和拓展,同等重要。公式(8-6)的积分用高等数学的知识很难解决,用数学物理方法中留数定理的知识很容易解决。希望同学们认真学好开设的每一门专业课程,所谓书到用时方恨少。虽然已经到了互联网和人工智能时代,我觉得作为学生还应该做到"书山有路勤为径,学海无涯苦作舟"。

8.3 矩阵的应用

态和力学量的具体表示方式被称为表象。海森堡、玻恩和约当等人提出了矩阵力学,矩阵力学和波动力学是平行的、等价的。矩阵在量子力学中有广泛的应用。由一个表象到另一个表象的变换是幺正变换。幺正变换不改变算符的本征值,不改变矩阵的迹,不改变空间的维度。很显然,幺正变换改变算符的表示,改变态矢量的表示。下面以一道计算题为例强化表象、矩阵、幺正矩阵等基础知识。已知在 $\hat{L}^2$ 和 $\hat{L}_z$ 的共同表象中,算符 $\hat{L}_x$ 的矩阵为

$$\boldsymbol{L}_x = \frac{\sqrt{2}\hbar}{2}\begin{pmatrix} 0 & 1 & 0 \\ 1 & 0 & 1 \\ 0 & 1 & 0 \end{pmatrix} \qquad (8-7)$$

求 $\hat{L}_x$ 算符的本征值和归一化本征函数并将该矩阵对角化(量子力学教材课后习题 $4.5^{[3]}$)。求解过程如下。

解:在 $\hat{L}^2$ 和 $\hat{L}_z$ 的共同表象中,算符 $\hat{L}_x$ 的本征值方程如下

$$\frac{\sqrt{2}\hbar}{2}\begin{pmatrix} 0 & 1 & 0 \\ 1 & 0 & 1 \\ 0 & 1 & 0 \end{pmatrix}\begin{pmatrix} c_1 \\ c_2 \\ c_3 \end{pmatrix} = \lambda\hbar\begin{pmatrix} c_1 \\ c_2 \\ c_3 \end{pmatrix} \qquad (8-8)$$

其中,$\lambda\hbar$ 为本征值,包含未知数 c_1, c_2, c_3 的列矩阵为本征函数。通过求解久期方程可获得本征值为 $\lambda = -1, 0, 1$。将求得的本征值依次带回本

征值方程可获得对应的本征函数分别为

$$
\begin{pmatrix} \dfrac{1}{2} \\[2mm] -\dfrac{\sqrt{2}}{2} \\[2mm] \dfrac{1}{2} \end{pmatrix},
\begin{pmatrix} \dfrac{\sqrt{2}}{2} \\[2mm] 0 \\[2mm] -\dfrac{\sqrt{2}}{2} \end{pmatrix},
\begin{pmatrix} \dfrac{1}{2} \\[2mm] \dfrac{\sqrt{2}}{2} \\[2mm] \dfrac{1}{2} \end{pmatrix}
\qquad (8-9)
$$

将表示算符的矩阵对角化实际上就是要求在自身表象中表示该算符,因为算符在自身表象中是对角矩阵,且对角元就是本征值。需要找到一个么正矩阵将算符 $\hat{L}_x$ 从 $\hat{L}^2$ 和 $\hat{L}_z$ 的共同表象变换到自身表象。该么正矩阵即为将公式(8-9)中的本征矢以本征值的顺序 $(\lambda = -1,0,1)$ 按列排好,即

$$
S = \begin{pmatrix} \dfrac{1}{2} & \dfrac{\sqrt{2}}{2} & \dfrac{1}{2} \\[3mm] -\dfrac{\sqrt{2}}{2} & 0 & \dfrac{\sqrt{2}}{2} \\[3mm] \dfrac{1}{2} & -\dfrac{\sqrt{2}}{2} & \dfrac{1}{2} \end{pmatrix}
\qquad (8-10)
$$

则, $\hat{L}_x$ 算符在自身表象中的表示为

$$
S^{+} L_x S = \begin{pmatrix} -1 & 0 & 0 \\ 0 & 0 & 0 \\ 0 & 0 & 1 \end{pmatrix}
\qquad (8-11)
$$

我们可以看到对角元刚好是本征值 $\lambda = -1,0,1$。

在电子的自旋章节中也广泛地使用了矩阵运算。我们需要真正理解矩阵相关基础知识,体会波动力学与矩阵力学之美。

8.4 算符与狄拉克符号的应用

量子力学中算符假设是测量假设的前提,有了能量算符 $\hat{E} = i\hbar \dfrac{\partial}{\partial t}$ 和 动量算符 $\hat{\vec{p}} = -i\hbar \nabla$,可以很方便地构建薛定谔方程 $i\hbar \dfrac{\partial}{\partial t} \psi = -\dfrac{\hbar^2}{2m} \nabla^2 \psi + U(\vec{r}) \psi$。这是该方程在坐标表象中的表示。坐标算符 $\hat{x}$ 在动量表象中的微分形式为 $\hat{x} = i\hbar \dfrac{\partial}{\partial p_x}$,则线性谐振子哈密顿算符在动量表象中的微分形式为 $\dfrac{p^2}{2m} - \dfrac{1}{2} m\omega^2 \hbar^2 \dfrac{\partial^2}{\partial p^2}$。厄米算符的定义式、算符在某态中的期望值、算符的矩阵元公式都是非常重要的知识点。

下面用一道证明题来讲述算符的矩阵元。已知一粒子做一维运动,其能量本征值方程为 $-\dfrac{\hbar^2}{2m} \dfrac{\mathrm{d}^2 \psi_n(x)}{\mathrm{d}x^2} + U(x)\psi_n(x) = E_n \psi_n(x)$,试证明 $p_{mn} = \dfrac{m}{i\hbar}(E_n - E_m)x_{mn}$。

证:已知对易关系

$$[x, \hat{p}_x] = i\hbar$$

则可计算对易关系

$$[\hat{H},x]=-\frac{\mathrm{i}\hbar}{m}\hat{p}_x$$

则算符

$$\hat{p}_x=-\frac{m}{\mathrm{i}\hbar}[\hat{H},x]$$

可计算动量算符的矩阵元

$$p_{mn}=\int\psi_m^*\hat{p}_x\psi_n\mathrm{d}x=-\frac{m}{\mathrm{i}\hbar}\int\psi_m^*[\hat{H},x]\psi_n\mathrm{d}x=\frac{m}{\mathrm{i}\hbar}(E_n-E_m)x_{mn}$$

得证。

就像矢量 $\vec{A}$ 可以不用特指哪一个坐标系一样,量子力学中描写态和力学量也可以不用具体表象,即采用狄拉克符号表示。这将为求解量子力学问题带来极大的方便。如粒子数产生算符的本征值方程可写为 $\hat{a}^+\mid n>=\sqrt{n+1}\mid n+1>$,粒子数湮灭算符的本征值方程可写为 $\hat{a}\mid n>=\sqrt{n}\mid n-1>$,粒子数算符的本征值方程可写为 $\hat{N}\mid n>=\hat{a}^+\hat{a}\mid n>=\sqrt{n}\mid n>$。以 $\mid n>$ 为基矢的表象称为占有数表象。实际上,由占有数表象可以独立求解线性谐振子本征值问题。

简要求解过程如下:已知 $\hat{a}\mid 0>=0$,以及 $\hat{a}=\frac{1}{\sqrt{2}}\left(\xi+\frac{\partial}{\partial\xi}\right)$,可得 $\psi_0=N_0e^{-\frac{1}{2}\xi^2}$。由归一化条件可计算系数 $N_0=\sqrt{\frac{\alpha}{\sqrt{\pi}}}$。再根据递推关系 $\psi_n=\frac{1}{\sqrt{n!}}(a^+)^n\psi_0$,可得线性谐振子本征函数 $\psi_n(x)=\sqrt{\frac{\alpha}{\sqrt{\pi}2^nn!}}e^{-\frac{1}{2}\alpha^2x^2}H_n(\alpha x)$。

最后,再以一道证明题来说明狄拉克符号的便利。在 $\hat{L}_z$ 的本征态下,试证明 $\bar{L}_x = 0$。证明过程如下：

证：设 $\hat{L}_z$ 的本征函数是 ψ_m，本征值是 $m\hbar$。

则有本征值方程 $\hat{L}_z \mid \psi_m \geq m\hbar \mid \psi_m >$ 和 $< \psi_m \mid \hat{L}_z = < \psi_m \mid m\hbar$。

由角动量算符的轮换对称性关系有 $[\hat{L}_y, \hat{L}_z] = i\hbar \hat{L}_x$，则 $\bar{L}_x = $

$< \psi_m \mid \hat{L}_x \mid \psi_m > = \dfrac{1}{i\hbar}(< \psi_m \mid \hat{L}_y\hat{L}_z \mid \psi_m > - < \psi_m \mid \hat{L}_z\hat{L}_y \mid \psi_m >) =$

0，得证。

算符往往和对易关系紧密相连，用狄拉克符号求解本征值问题往往可以使问题更简洁。

第 9 章

结 束 语

在绪论中,我们曾提到量子力学的建立过程堪称近代科学史最精彩、最神奇的一章,建立过程将理论物理的魅力展现得淋漓尽致。有关量子力学的基础知识,我们可通过曾谨言先生的《量子力学教程》[46]和周世勋先生的《量子力学教程》[1]来学习。本书以漫谈的形式介绍了量子力学的基本思想,初步传递了量子力学与理论物理之美,希望扩大量子力学、理论物理科普宣传并对读者有所启迪。

本科教学工作为科学研究工作提供思想源泉,科学研究工作指引本科教学工作探究方向。本书以量子力学基础知识为主线,以深入思考、拓展探究为灵魂,向读者明确传递了思考、探索和创新的重要性。总书记强调:"创新是一个民族进步的灵魂,是一个国家兴旺发达的不竭动力,也是中华民族最深沉的民族禀赋。在激烈的国际竞争中,惟创新者进,惟创新者强,惟创新者胜。"

书中介绍了很多获得了诺贝尔物理学奖的工作。本书计划以1927年的索尔维会议图片收尾(参会的29人中,有17人获得或后来获得诺贝尔奖),如图9-1所示。向伟大的科技工作者们致敬!

图9-1 1927年索尔维会议照片

本书涉及的诺贝尔物理学奖链接

1902

　　https：//www.nobelprize.org/prizes/physics/1902/summary/

1918

　　https：//www.nobelprize.org/prizes/physics/1918/summary/

1919

　　https：//www.nobelprize.org/prizes/physics/1919/summary/

1921

　　https：//www.nobelprize.org/prizes/physics/1921/summary/

1922

　　https：//www.nobelprize.org/prizes/physics/1922/summary/

1927

　　https：//www.nobelprize.org/prizes/physics/1927/summary/

1929

　　https：//www.nobelprize.org/prizes/physics/1929/summary/

1932

　　https：//www.nobelprize.org/prizes/physics/1932/summary/

1933

　　https：//www.nobelprize.org/prizes/physics/1933/summary/

1937

https://www.nobelprize.org/prizes/physics/1937/summary/

1943

https://www.nobelprize.org/prizes/physics/1943/summary/

1945

https://www.nobelprize.org/prizes/physics/1945/summary/

1954

https://www.nobelprize.org/prizes/physics/1954/summary/

1957

https://www.nobelprize.org/prizes/physics/1957/summary/

1967

https://www.nobelprize.org/prizes/physics/1967/summary/

1983

https://www.nobelprize.org/prizes/physics/1983/summary/

1997

https://www.nobelprize.org/prizes/physics/1997/summary/

2001

https://www.nobelprize.org/prizes/physics/2001/summary/

2013

https://www.nobelprize.org/prizes/physics/2013/summary/

2022

https://www.nobelprize.org/prizes/physics/2022/summary/

参考文献

［1］周世勋.量子力学教程［M］.北京:高等教育出版社,1979.

［2］梁希侠,班士良.统计热力学［M］.第三版.北京:科学出版社,2016.

［3］周世勋,陈灏.量子力学教程［M］.第二版.北京:高等教育出版社,2009.

［4］Purcell E M, Pound R V. A nuclear spin system at negative temperature［J］. Physical Review, 1951, 81(2):279.

［5］汪志诚.热力学·统计物理［M］.第三版.北京:高等教育出版社,2003.

［6］郭硕鸿.电动力学［M］.第二版.北京:高等教育出版社,1997.

［7］周衍柏.理论力学教程［M］.第四版.北京:高等教育出版社,2018.

［8］Arndt M, Nairz O, Vos-Andreae J, et al. Wave－particle duality of C60 molecules［J］. nature, 1999, 401(6754):680－682.

［9］陈彦辉,舒虹.天文学入门:带你一步步探索星空［M］.北京:中国科学技术出版社,2019.

［10］张孔辉.海森堡矩阵力学体系的形成［J］.哈尔滨师范大学自然科学学报,1996,12(2):38－42.

［11］胡明飞,杨艳,赵硕洺.二维无限深圆方势阱的定态几率分布［J］.科技通报,2016,32(3):5－7.

［12］梁昆淼.数学物理方法［M］.第三版.北京:高等教育出版社,1998.

［13］倪致祥.量子力学教程(第二版)学习指导［M］.北京:高等教育出版社,2010.

［14］陈晓芳,邸冰,刘建军.无限深球形量子点中类氢杂质态的性质［J］.河北师范大学学报:自然科学版,2004,28(2):139－142.

［15］于肇贤,张德兴.含时边界条件量子体系的 Berry 相因子［J］.青岛大学学报:自然科学版,1995,8(1):49－56.

［16］Zhang H,Shen M,Liu J J.Biexciton binding energy in parabolic quantum-well wires［J］.Journal of Applied Physics,2008,103(4).

［17］An X T,Liu J J.Hydrogenic impurities in parabolic quantum-well wires in a magnetic field［J］.Journal of applied physics,2006,99(12).

［18］陈彦辉.线性谐振子加空间转子模型的初步分析［J］.楚雄师范学院学报,2020,35(6):35－37.

［19］陈彦辉.利用统计物理规律对线性谐振子加空间转子模型的初步讨论［J］.楚雄师范学院学报,2021,36(3):27－30.

［20］陈彦辉.用线性谐振子模型初步计算恒星纯氢大气中的热力学函数［J］.楚雄师范学院学报,37(3):20－23.

［21］周世勋,陈灏,肖江.量子力学教程［M］.第三版.北京:高等教育出版社,2022.

［22］董良杰.锂原子基态变分法的研究［J］.山西广播电视大学学报,2018,23(3):85－87.

［23］黄润乾.恒星物理［M］.北京:中国科学技术出版社,2006.

［24］陈彦辉.白矮星物理:星震学模型拟合［M］.南京:南京大学出版社,2023.

［25］李焱.恒星结构演化引论［M］.北京:北京大学出版社,2014.

［26］Paquette C,Pelletier C,Fontaine G,et al.Diffusion coefficients for stellar plasmas[J]. Astrophysical Journal Supplement Series (ISSN 0067 - 0049), vol. 61, May 1986, p. 177 - 195. NSERC-supported research., 1986, 61:177 - 195.

[27] Chen Y H. Application of screened Coulomb potential in fitting DBV star PG 0112 + 104[J]. Monthly Notices of the Royal Astronomical Society, 2018, 475(1):20 - 26.

[28] Chen Y H. Application of the screened Coulomb potential to fit the DA-type variable star HS 0507+0434B[J]. Monthly Notices of the Royal Astronomical Society, 2020, 495(2):2428 - 2435.

[29] Chen Y H, Shu H. Asteroseismology of the DAV star R808[J]. Monthly Notices of the Royal Astronomical Society, 2021, 500 (4):4703 - 4709.

[30] Ivanenko D D, Kurdgelaidze D F. Hypothesis concerning quark stars[J]. Astrophysics, 1965, 1:251 - 252.

[31] 黄淑清,聂宜如,申先甲.热学教程[M].北京:高等教育出版社,2011.

[32] Schaller G, Schaerer D, Meynet G, et al. New grids of stel lar mod els from 0.8 to 120 M8 at Z=0.020 and Z=0.001[J]. Astron. and Astrophys. Suppl. Ser., 1992, 96:269 - 331.

[33] 王燕锋.氢原子 n=3 能级的一级斯塔克效应[J].吕梁高等专科学校学报,2011,27(2):51 - 54.

[34] 薛丽丽.氢原子 n=4 能级的一级斯塔克效应[J].吕梁学院学报,2012(2):57 - 59.

[35] 王燕锋.氢原子 n=5 能级的一级斯塔克效应[J].吕梁学院学报,2016,6(2):19 - 21.

[36] 苏燕飞,张昌莘,席伟.氢原子 n=6 能级的一级斯塔克效应[J].青海

大学学报：自然科学版，2004，22(1)：60 - 64.

[37] Külebi B，Jordan S，Euchner F，et al. Analysis of hydrogen-rich magnetic white dwarfs detected in the Sloan Digital Sky Survey[J]. Astronomy & Astrophysics，2009，506(3)：1341 - 1350.

[38] Costa J E S，Kepler S O，Winget D E，et al. The pulsation modes of the pre-white dwarf PG 1159 - 035 [J]. Astronomy & Astrophysics，2008，477(2)：627 - 640.

[39] Vauclair G，Moskalik P，Pfeiffer B，et al. Asteroseismology of RXJ 2117 + 3412，the hottest pulsating PG 1159 star [J]. Astronomy & Astrophysics，2002，381(1)：122 - 150.

[40] Winget D E，Nather R E，Clemens J C，et al. Whole earth telescope observations of the DBV white dwarf GD 358[J]. The astrophysical journal. Chicago. Vol. 430，no. 2，pt. 1（Aug. 1994），p. 839 - 849，1994.

[41] Hermes J J，Kawaler S D，Bischoff-Kim A，et al. A deep test of radial differential rotation in a helium-atmosphere white dwarf. I. Discovery of pulsations in PG 0112＋104[J]. The Astrophysical Journal，2017，835(2)：277.

[42] Fu J N，Dolez N，Vauclair G，et al. Asteroseismology of the ZZ Ceti star HS 0507＋0434B[J]. Monthly Notices of the Royal Astronomical Society，2013，429(2)：1585 - 1595.

[43] Dolez N，Vauclair G，Kleinman S J，et al. Whole Earth telescope observations of the ZZ Ceti star HL Tau 76[J]. Astronomy & Astrophysics，2006，446(1)：237 - 257.

[44] 王昆林，岳开华.普通物理实验[M].成都：西南交通大学出版社，2014.

［45］梁昆淼,刘法,廖国庆,邵陆兵.数学物理方法［M］.第五版.北京:高等教育出版社,2020.

［46］曾谨言.量子力学教程［M］.第三版.北京:科学出版社,2022.